国外油气勘探开发新进展丛书

GUOWAIYOUQIKANTANKAIFAXINJINZHANCONGSHU

二十四

FUNDAMENTALS OF
RESERVOIR ROCK PROPERTIES

储层岩石物理基础

【马来西亚】Tarek Al-Arbi Omar Ganat 著

刘 卓 高兴军 高 严 译

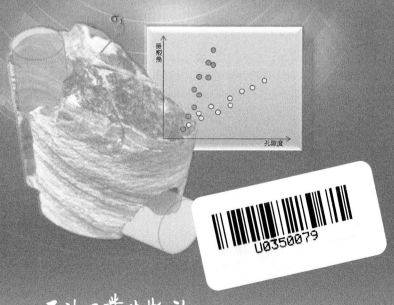

石油工业出版社

内 容 提 要

本书介绍了储层岩石物理研究中，从微观地质薄片到宏观测井曲线和岩心描述，再到巨观油藏网格模型整个过程研究思路和方法基础。章节的设置着眼于测井与地质的结合，包括储层岩石的孔隙度、渗透率、润湿性、饱和度与毛细管压力、相对渗透率、上覆压力与压缩性，还包括非常规储层与裂缝性储层专题。

本书可作为开发地质研究人员的指导手册和参考工具，更是开展国内外开发地质工作思路方法对比研究的有力抓手。

图书在版编目（CIP）数据

储层岩石物理基础／（马来）塔里克·阿尔比·奥马尔·加纳特著；刘卓，高兴军，高严译. — 北京 ：石油工业出版社，2021.8

（国外油气勘探开发新进展丛书；二十四）

书名原文：Fundamentals of Reservoir Rock Properties

ISBN 978-7-5183-4785-8

Ⅰ. ①储… Ⅱ. ①塔… ②刘… ③高… ④高… Ⅲ. ①储集层–岩石物理学 Ⅳ. ①P618.130.2

中国版本图书馆 CIP 数据核字（2021）第 163353 号

First published in English under the title
Fundamentals of Reservoir Rock Properties
by Tarek Al–Arbi Omar Ganat
Copyright © Springer Nature Switzerland AG 2020
This edition has been translated and published under licence from Springer Nature Switzerland AG.

本书经 Springer Nature Switzerland AG 授权石油工业出版社有限公司翻译出版。版权所有，侵权必究。
北京市版权局著作权合同登记号：01-2021-4676

出版发行：石油工业出版社
　　　　　（北京安定门外安华里 2 区 1 号　100011）
　　　　　网　　址：www. petropub. com
　　　　　编辑部：(010) 64523537　图书营销中心：(010) 64523633
经　　销：全国新华书店
印　　刷：北京中石油彩色印刷有限责任公司

2021 年 8 月第 1 版　2021 年 8 月第 1 次印刷
787×1092 毫米　开本：1/16　印张：9.25
字数：210 千字

定价：75.00 元
（如出现印装质量问题，我社图书营销中心负责调换）

《国外油气勘探开发新进展丛书（二十四)》
编　委　会

主　任：李鹭光

副主任：马新华　　张卫国　　郑新权

何海清　　江同文

编　委：（按姓氏笔画排序）

于荣泽　　付安庆　　向建华

刘　卓　　范文科　　周家尧

章卫兵

序

"他山之石，可以攻玉"。学习和借鉴国外油气勘探开发新理论、新技术和新工艺，对于提高国内油气勘探开发水平、丰富科研管理人员知识储备、增强公司科技创新能力和整体实力、推动提升勘探开发力度的实践具有重要的现实意义。鉴于此，中国石油勘探与生产分公司和石油工业出版社组织多方力量，本着先进、实用、有效的原则，对国外著名出版社和知名学者最新出版的、代表行业先进理论和技术水平的著作进行引进并翻译出版，形成涵盖油气勘探、开发、工程技术等上游较全面和系统的系列丛书——《国外油气勘探开发新进展丛书》。

自 2001 年丛书第一辑正式出版后，在持续跟踪国外油气勘探、开发新理论新技术发展的基础上，从国内科研、生产需求出发，截至目前，优中选优，共计翻译出版了二十三辑 100 余种专著。这些译著发行后，受到了企业和科研院所广大科研人员和大学院校师生的欢迎，并在勘探开发实践中发挥了重要作用。达到了促进生产、更新知识、提高业务水平的目的。同时，集团公司也筛选了部分适合基层员工学习参考的图书，列入"千万图书下基层，百万员工品书香"书目，配发到中国石油所属的 4 万余个基层队站。该套系列丛书也获得了我国出版界的认可，先后四次获得了中国出版协会的"引进版科技类优秀图书奖"，形成了规模品牌，获得了很好的社会效益。

此次在前二十三辑出版的基础上，经过多次调研、筛选，又推选出了《储层岩石物理基础》《地质岩心分析在储层表征中的应用》《数据驱动分析技术在页岩气油气藏中的应用》《水力压裂与天然气钻井的问题与热点》《水力压裂与页岩气开发的问题和对策》《管道腐蚀应力开裂》等 6 本专著翻译出版，以飨读者。

在本套丛书的引进、翻译和出版过程中，中国石油勘探与生产分公司和石油工业出版社在图书选择、工作组织、质量保障方面积极发挥作用，一批具有较高外语水平的知名专家、教授和有丰富实践经验的工程技术人员担任翻译和审校工作，使得该套丛书能以较高的质量正式出版，在此对他们的努力和付出表示衷心的感谢！希望该套丛书在相关企业、科研单位、院校的生产和科研中继续发挥应有的作用。

中国石油天然气股份有限公司副总裁　李鹤光

译者前言

据预测，未来二十年油气仍将占据一次消费能源的 50% 以上，提高油气采收率始终是所有油藏工程师不懈追求的目标，而一切提高采收率技术最终都需依托于对储层岩石物理属性的准确认识和表征。然而，较之于其他材料，储层岩石的物理属性又极具特殊性，一是储层岩石形成于复杂的地质历史时期，随处可见，但却没有两块相同的样品，既存在样品之间的非均质性，但同时又有自身内部的各向异性；二是随着资源类型的不断丰富，对储层岩石的研究重点、表征参数、测试方法也都与时俱进，从早期的孔隙度、渗透率，到目前的全岩矿物分析，孔隙结构分析，力学性质分析等；三是受制于分析成本，通常仅有少量的取心井可供实验室分析，大量的测量还需推广至现场井筒条件；四是储层岩石骨架、地下流体、地质温压环境在油藏开发过程中经历了复杂的相互作用，是时变性多物理场的耦合，油藏开发初期的岩石性质，随着开发过程的深入、注采流体的变化，都会发生改变。因此，岩石物理属性分析既要求研究人员具有扎实的地质、油藏、理化、统计等基础知识，又要对油田需求和现代分析测试技术实时跟踪、深入了解。

本书由马来西亚国家石油科技大学石油工程学院塔里克·阿尔比·奥马尔·加纳特教授编写，介绍了储层岩石物理研究中，从微观地质薄片到宏观测井曲线和岩心描述，再到巨观油藏网格模型整个过程的研究思路和方法基础。章节的设置有别于国内测井和地质相关课程以及著作专注于自身专业，而是着眼于测井与地质的结合，包括常规化储层储层岩石的孔隙度、渗透率、润湿性、饱和度与毛细管压力、相对渗透率、上覆压力与压缩性，还包括了非常规储层与裂缝性储层专题。可作为开发地质研究人员的指导手册和参考工具。

另外，值得一提的是，随着我国石油勘探开发技术的发展，书中引用了大量中国的研究成果和行业标准，充分体现了我国石油行业国际话语权的提升。但另一方面，也能够感受到，很多平时工作中曾经讨论过的话题或实际应用的方法，当时应用之后便沉淀了，而近期又被国外学者总结发表，得到了广泛引用，这都鞭策我们在有形化成果的总结和投入上更加努力。

储层岩石物理属性分析需要各学科之间的配合，图书翻译也需要团队协作。这里，感谢朋友们为本书翻译提供的帮助和建议，感谢石油工业出版社编辑的精心编校，感谢师长对我多年工作的指导和支持。

限于译者水平，书中不妥之处，敬请读者指正。

目　　录

概　述

通常自然条件下的岩石总是饱和着流体，这些流体可能是油、气，或者是水（Amyx et al.，1960）。能够产出油、气或是水的岩石称为储层岩石。储层岩石具有足够的孔隙度和渗透率，从而使流体能够在其中流动，进而形成聚集，并能够形成足够的开采量（Daniel and Lapedes，1978）。

通常，油气可以存在于砂岩、碳酸盐岩，或是页岩地层中，也可以存在于变质岩或是火山岩地层中（基岩中）。其中主要的储层类型是砂岩和碳酸盐岩。大部分时候，砂岩和碳酸盐岩的物理性质和组成是不同的（Cecil，1949）。因此，只有知道了储层岩石的物理性质，油藏工程师才能够估计油气储量，并确定现有经济条件下的最优的采收率。

储层研究的范围包括微观尺度（地质薄片）、宏观尺度（测井曲线和岩心）、巨观尺度（油藏网格模型），以及超巨观尺度（试井分析）。本书的研究范围包括其中的微观到巨观尺度。通常在电子显微设备下研究岩石样品，确定储层岩石类型和岩石结构。储层的孔隙空间通常指岩石中的空的部分，如果孔隙是连通的，那么流体可以充注进去，并在其中流动。通过研究储层中连通孔隙的尺寸和形态，可以评估储层存储和疏导流体的能力。因此，储层岩石的物理性质与其结构和构造密切相关。

储层中，控制油藏产量和产能的主要性质包括如下几个方面：

（1）储层岩石的孔隙度、渗透率，以及压缩性；

（2）毛细管压力，相饱和度，相对渗透率，润湿性；

（3）储层的净毛比和流体的组成。

本书的目的是了解岩石物理属性的基础和定义，及其实验室测试方法。储层描述的主要目的是对储层的岩石属性进行三维表征。

储层岩石是能够赋存油气的渗透性岩石。其常包含一种和多种地下岩性单元，可能是碎屑岩，也可能是碳酸盐岩。储层岩石常具有良好的孔隙性和渗透率，并且通过上覆盖层，而将油气封闭其中。图1是油藏剖面的示意图，油气通过钻入渗透性岩层适宜位置的钻井而被开采出来。

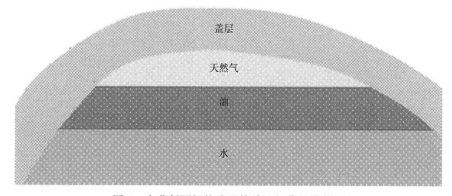

图 1　由背斜圈闭构成的简单油气藏的横截面

通常，储层岩石是孔隙性介质，总孔隙中的一部分称为有效孔隙。孔隙需要彼此连通，从而使油气可以在其中流动。使用渗透率概念来描述流体在孔隙性介质中的流动能力。

圈闭指地下赋存了油气的岩石。在圈闭的上部，需存在非渗透性的岩层，从而阻止油气进一步向上运移。在储层的下部，还会存在一个油气与下部地层水接触的水平面。储层中可能包含油或气，流体在垂向上的分布受重力分异控制。如果储层中存在三相流体，那么由于不同的密度，其在纵向上的分布为气在顶部，油在中间，水在底部。

参 考 文 献

Amyx J, Bass D, Whiting R L (1960) Petroleum reservoir engineering physical properties. ISBN: 9780070016002, 0070016003.

Cecil G L (1949) Principles of petroleum geology. In: The century earth science series. Appleton-Century-Crofts, Inc., New York.

Lapedes D N (1978) McGraw-Hill encyclopedia of the geological sciences. McGraw-Hill

第1章 储层物理属性

储层岩石最重要的属性是孔隙度、渗透率和流体饱和度。这些属性决定了孔隙介质及其中流体的分布和流动性质。通过岩心样品实验分析，可以测试岩石的属性特征。

一旦岩石样品从储层中取出并运送至实验室进行测量，很多岩石的性质会发生改变。在地表条件下，很多岩石的物理和化学性质会发生改变。导致岩石属性退化的物理作用通常包括吸附、蒸发和扩散作用。因此很多样品必须要恢复到地下条件。要尽力减小样品的退化，并尽可能地获得原始地层条件。

这些因素对岩石属性的影响程度不同，主要取决于岩石的性质和物理特征。即便如此，岩心分析仍是获得岩石数据，并帮助油藏工程师评价油藏的最重要的手段。从现场测试和实验室测量得到的数据如图1.1所示。通常，实验数据与现场测量数据的对比，都是要在某个特定条件下进行的。

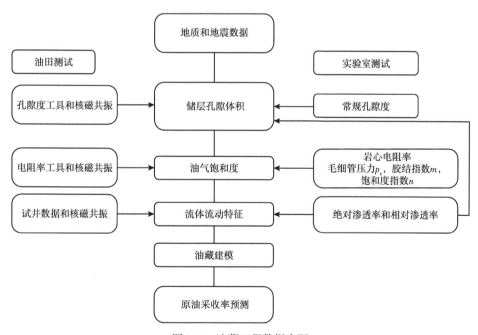

图1.1 油藏工程数据来源

通常，岩心分析评价技术包括如下两种：

（1）常规岩心分析（RCA）；

（2）特殊岩心分析（SCAL）。

1.1　常规岩心分析

　　确定储层主要的岩石物理属性时,常规岩心分析技术常使用地表露头样品,或是地下岩心样品。储层岩心样品常根据层面形态进行水平—垂直对应取样。基本的岩石参数包括渗透率、孔隙度、颗粒密度,以及含水饱和度水平—垂直与井或油藏生产动态相关的数据。常规岩心分析的优点是价格低廉,能够获得大量等代表储层岩石属性的数据集。图 1.2 展示了常规岩心测量流程的示意图。

　　测得的孔隙度数据通常是十分可信的,因为孔隙度数据极少受到储层流体与矿物界面性质的影响。但有时测得的渗透率并不能够代表储层条件,因为有时在孔隙中,矿物表面与储层流体存在相互作用。当使用压缩气体测量渗透率时,会使用克林伯格校正因子来修正气测渗透率,从而得到等效的液体渗透率,但仍然没有考虑流体与岩石界面之间相互作用的因素。

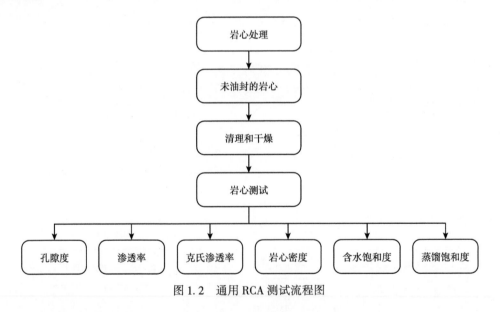

图 1.2　通用 RCA 测试流程图

1.2　特殊岩心分析

　　特殊岩心分析是更加严格的测量,从而得到更能代表储层条件下岩石属性的信息。特殊岩心分析数据与试井数据、测井数据,能够更好地表征油藏的动态特征。但特殊岩心分析是昂贵的,岩心样品要更加仔细地选择。有些测试是为了确定流体的分布,岩电属性、两相或三相流体流动特征,这些测量都需要在保持完好的岩心样品中进行。图 1.3 展示了通过特殊岩心分析能够得到的有意义的信息:

　　(1)毛细管压力;

　　(2)润湿性;

　　(3)储层条件下的岩心流体流动特征;

（4）相对渗透率；

（5）相对渗透率影响因素；

（6）界面张力；

（7）孔隙压缩性；

（8）流体压缩性；

（9）稳态和非稳态流动特征；

（10）Archie 指数——a，m，n；

（11）CT 扫描评价；

（12）覆压特征；

（13）其他相关信息。

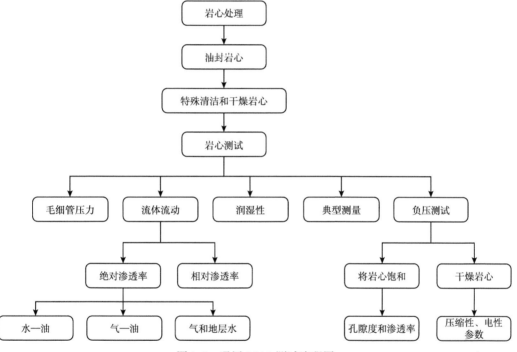

图 1.3　通用 SCAL 测试流程图

1.3　核磁共振岩心分析

另一个油藏工程师常使用的测量关键孔隙和流体属性的方法是核磁共振（NMR）。NMR 是一种测井方法，但也应用于岩心分析中，可以简单、快速确定孔隙度和孔隙尺寸的分布特征。同时，NMR 还可以测量流体的流动性、渗透率、毛细管压力，以及气水或是油水含量。目前，NMR 可以测量孔隙结构、润湿性的性质，从而得到最优的测井参数。NMR 岩心分析测试成果包括如下内容：

（1）有效孔隙度；

（2）渗透率模型；

（3）孔隙尺寸分布；

（4）孔隙尺寸几何特征；

（5）流体饱和度；

（6）润湿特征；

（7）原油黏度；

（8）扩散系数；

（9）束缚流体体积指数（BVI）和自由流体指数。

近些年，随着对 NMR 原理认识的加深与技术应用水平的提高，NMR 已成为岩心分析的关键测试内容。

第2章 孔隙度

孔隙度测量岩石中的孔隙部分的比例。这些孔隙可以发育在颗粒之间,可以发育在颗粒内部,也可以是土壤或岩石中的裂隙。孔隙度的数值在 0~1 之间,或者用百分数表示就是 0~100%。对于大部分岩石,孔隙度的范围在 1%~40%。

岩石具有渗透性是油气储层的关键因素。孔隙性岩石可以赋存流体。通常,油气从源岩中生成(生烃灶),向上运移并圈闭在非渗透性的盖层之下。储层岩石可分为碎屑岩和碳酸盐岩。碎屑岩中典型的是砂岩,砂岩由小颗粒组成,通常在河道中,经过长时间的埋藏和压实形成。碳酸盐岩储层通常由生物地质过程形成,之后再经过长时间的埋藏和压实。大约 60% 的油气存在于碎屑岩储层中,40% 的油气存在于碳酸盐岩中(图 2.1)。孔隙度是储层的关键参数,其衡量了储层储集油气的能力。通常,碳酸盐岩的孔隙度在 1%~35% 之间,白云岩的平均孔隙度约为 10%,石灰岩的平均孔隙度约为 12%(Schmoker et al.,1985)。孔隙度简单地表示为孔隙部分的体积除以岩石总体积。

如果没有扫描电镜(SEM),观察孔隙空间和孔喉形态很困难(图 2.2)。通常,宽阔的空间称为孔隙,孔隙之间细小的通道称为喉道。

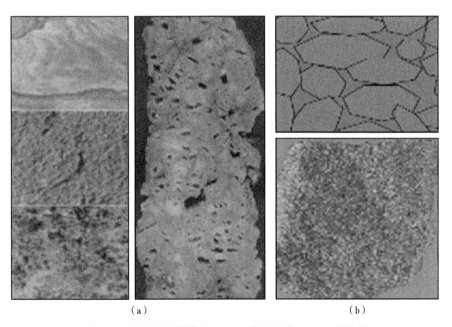

(a)   (b)

图 2.1　孔隙和喉道模型。(a) 碳酸盐岩;(b) 碎屑岩

临界浓度是指,大颗粒彼此接触时,细小颗粒完全占满颗粒之间的孔隙时的量。这个点指示了两种颗粒结构,小于临界点表示岩石是颗粒支撑的,因此称为泥质砂岩。如果大于临界点,则表示岩石中,颗粒悬浮于细小的泥质基质之上,称为砂质泥岩。

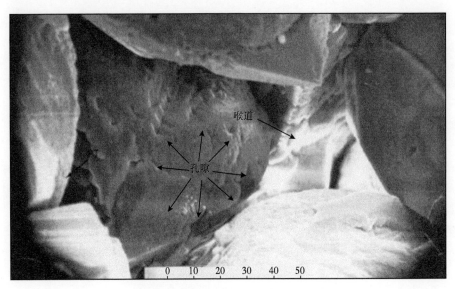

图 2.2 孔隙和喉道的微观照片（Jorden and Cambell，1984）

2.1 地质属性的类型

（1）原始孔隙。

这是沉积物初始沉积时形成的主要孔隙。初始孔隙度是颗粒之间的孔隙。这个孔隙度称为初始粒间孔。在沉积之前形成的，矿物颗粒内部的孔隙也被称为初始粒间孔。图 2.3 展示了原始沉积环境中形成的初始孔隙。

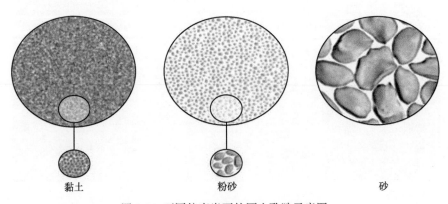

图 2.3 不同粒度岩石的原生孔隙示意图

（2）次生孔隙。

次生孔隙通常会增加岩石的孔隙度。溶解沉积环境中形成的颗粒，或是溶解原始条件形成的胶结物都会生成次生孔隙。因此，次生粒间孔隙很容易识别，但次生粒内孔很难识别和测量。

构造作用和退化的成岩过程可能会导致储层中形成裂缝和溶蚀孔隙。这类孔隙常形成于岩石沉积很长时间之后，也被称为次生孔隙，如图2.4所示。

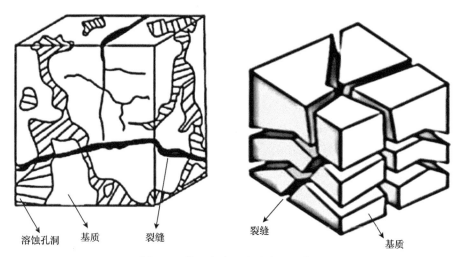

图2.4 储层中次生孔隙类型示意图

（3）裂缝孔隙。

与构造裂缝系统伴生的次生孔隙如图2.5所示。

在极端情况下，如果有足够的裂缝发育，非储层岩石可以转变为储层岩石。各处的裂缝方向从垂直到水平都有可能。

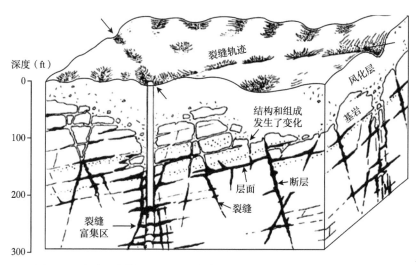

图2.5 碳酸盐岩储层中裂缝发育剖面示意图（Parizek et al.，1971）

（4）溶蚀孔隙。

这又是另一种次生孔隙，主要由于溶蚀形成，岩石中残留了大的洞穴或溶孔，常伴随矿物的化学沉淀。溶蚀孔隙常伴生颗粒的溶蚀（图2.6）。

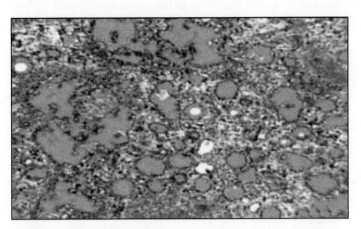

图 2.6 碳酸盐岩溶蚀孔隙示例 (Etminan and Abbas, 2008)

（5）有效孔隙。

指开启的孔隙，即总孔隙中，减去被黏土或泥质充填的孔隙。通常，在纯净的砂岩中，有效孔隙与总孔隙一致。

另一个关于有效孔隙的定义是连通的孔隙。图 2.7 展示了纯净储层中的孔隙，总孔隙和有效孔隙。

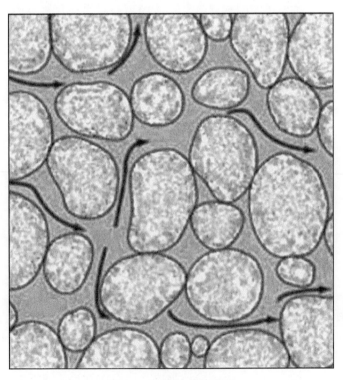

图 2.7 连通孔隙示意图

图 2.8 展示了某些有泥质存在的孔隙类型，这些泥质降低了储层的孔隙度。

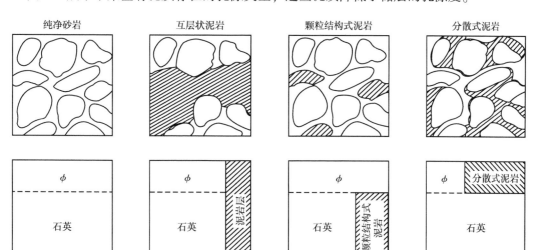

图 2.8 不同泥质分布形式下的有效孔隙示意图 （Dewan，1983）

（6）无效孔隙。

这类孔隙也被称为封闭孔隙，这些孔隙是孤立的，不连通的。同时，这部分孔隙还包含那些被液体或气体充填，但流体却不能有效流动的孔隙（图 2.9）。

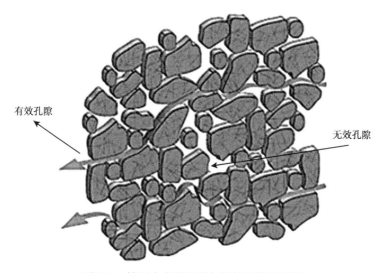

图 2.9 储层中有效孔隙与无效孔隙示意图

（7）双重孔隙。

称为双重孔隙是因为裂缝性储层中有两种不同的孔隙类型，一种称为基质孔隙，另一种称为裂缝孔隙。天然情况下，裂缝是不均匀发育于储层中的，但需要表征为均匀的双重孔隙系统。双重孔隙有时候也表示为原始孔隙与裂缝或（和）溶孔同时发育的情况，此时流体流动将变得复杂（图 2.10）。

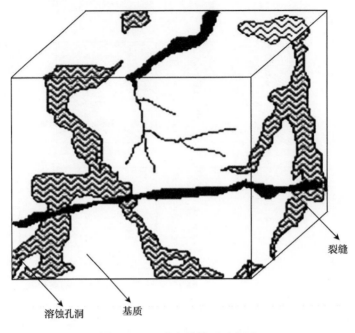

图 2.10　双重介质模型示意图

（8）大孔道。

大孔道指孔隙直径大于 50nm 的孔隙。大孔道通常用于土壤压实的评价中。如果大孔道减少了，那么意味着土壤排水能量的下降或是土壤的退化。图 2.11 展示了储层岩石中连通的孔隙。

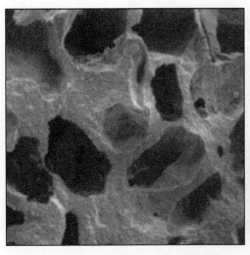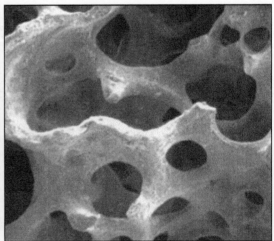

图 2.11　地层中的连通孔隙（Le Geros et al.，2003）

（9）中等孔。

中等孔隙表示孔隙直径在 2~50nm 之间的孔隙。这表示孔隙尺寸在大孔道和微孔隙之间。这类孔隙储层会在自由水界面之上赋存大量油气。

（10）微孔。

微孔指孔隙直径小于 2nm 的孔隙。微孔存在于粉砂岩或是碳酸盐岩中（图 2.12）。微孔直接影响了流体的流动性质，以及测井的响应。通常，微孔因非常细小的混合物快速凝固而形成。

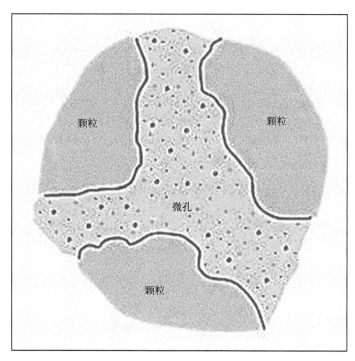

图 2.12　基质中的微孔

大部分时候，微孔在碳酸盐岩中发育。微孔会增加毛细管压力，导致微孔中存在大量束缚水（润湿相）。从而，常规测井表现为较高的含水饱和度，有时会造成油气层的误判（Pittman，1983）。因此，在地层评价中应重视微孔，避免储量计算的错误。

2.2　压实孔隙度

岩石的孔隙度与组成岩石的颗粒尺寸无关。图 2.13（a）展示了理论上的最大孔隙度，46.7%，是球状颗粒按照立方体叠置形成的。图 2.13（b）展示了六边形叠置情况下的孔隙度，为 39.5%。图 2.13（c）展示了四边形叠置情况下的孔隙度。图 2.13（d）展示了菱形叠置情况下的孔隙度，这与储层环境下的情况更相近。图 2.13（e）展示了在立方体型叠置的孔隙中存在较小的球形颗粒的情况，这将会使孔隙度由 47.6% 降低至 13%。因此孔隙度主要取决于胶结矿物的含量、颗粒的排列方式、颗粒尺寸的分布特征。典型的储层砂岩颗粒的形状如图 2.13（f）所示。

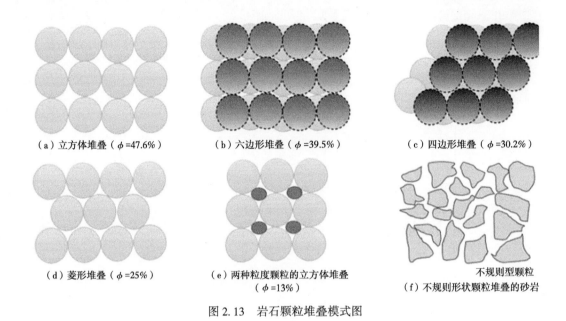

（a）立方体堆叠（ϕ=47.6%）　（b）六边形堆叠（ϕ=39.5%）　（c）四边形堆叠（ϕ=30.2%）

（d）菱形堆叠（ϕ=25%）　（e）两种粒度颗粒的立方体堆叠（ϕ=13%）　　不规则型颗粒（f）不规则形状颗粒堆叠的砂岩

图 2.13　岩石颗粒堆叠模式图

2.3　颗粒形状

颗粒的形状是地质沉积环境的重要证据。颗粒表现为菱角状或是圆球状主要取决于颗粒经历的磨圆过程。这个磨圆过程会将沉积物的边缘磨平。因此，沉积物搬运的距离越远，磨圆程度越高。通常，地层的原始孔隙取决于形状、分选，以及叠置形式。如果岩石颗粒连接的情况是开放的，那么棱角会增加其孔隙度；如果岩石颗粒是被压实的，那么棱角会降低其孔隙度。

2.4　孔隙度的影响因素

通常，变质岩和结晶的火山岩不发育孔隙。表 2.1 展示了影响沉积岩孔隙的主要因素。

表 2.1　沉积岩孔隙度的影响因素

参数	描述
颗粒粒度	颗粒粒度不会影响孔隙度，所有颗粒粒度相同时的孔隙度大于颗粒粒度不同时的孔隙度
分选	分选好的沉积物比分选差的沉积物具有更高的孔隙度
颗粒形状	颗粒的磨圆程度越高，孔隙度越高
压实	颗粒的压实更紧密时，孔隙度更小

石灰岩的孔隙可以通过缝合和断裂作用形成次生孔隙。岩石的外部压力会形成孔隙空间的压实，这主要受深度的影响。Krumbein 和 Sloss 发表了孔隙度随深度减小的图版（图 2.14）。压实和压实后的颗粒重新排列导致了孔隙度的下降。

图 2.15 展示了岩石的压实过程。因为有效应力来自上覆沉积物、孔隙中流体的排出，以及颗粒的压实，因此压实作用造成的孔隙度的减小是不可逆的。

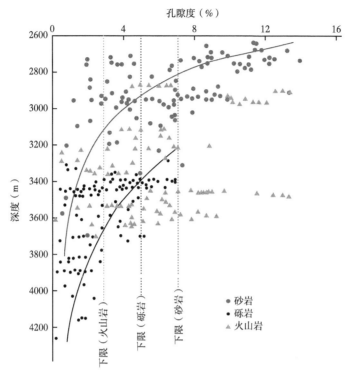

图 2.14　不同岩性储层的孔隙度与深度关系曲线

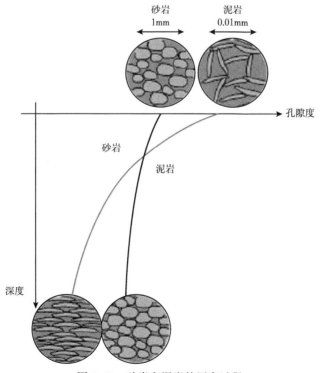

图 2.15　砂岩和泥岩的压实过程

Rowan 等在 2003 年使用 19 口井的测井数据推导了砂岩、粉砂岩，以及泥岩孔隙度随深度变化的关系。他使用自然伽马计算的泥质含量作为分类参数。式（2.1）至式（2.3）是推导的方程。

$$对于砂岩（V_{sh}<0.01），\phi=0.5e^{-0.29z} \tag{2.1}$$

$$对于粉砂岩（0.01<V_{sh}<0.495），\phi=0.44e^{-0.38z} \tag{2.2}$$

$$对于泥岩（V_{sh}<0.9），\phi=0.4e^{-0.42z} \tag{2.3}$$

式中　V_{sh}——泥质含量，%；

　　　ϕ——孔隙度，%；

　　　z——深度，m。

2.5　自然环境中孔隙度值的范围

表 2.2 展示了自然条件下地质矿物的孔隙度范围。通常，岩石的总孔隙度不是固定的，因为岩石中的泥质成分总是交替着膨胀、压实、破裂、收缩。在现代沉积物中，比如潟湖中的沉积物，孔隙度可能很大（超过 80%）。松散的砂岩会达到 45%。这些砂岩可能因为不同的胶结作用而很稳定或是不平衡。地层岩石中，碳酸盐岩可能由于溶解作用发育次生孔隙。通常，在碳酸盐岩中，孔隙度相比初始沉积条件下的孔隙度，总是会变得很大或是很小。

表 2.2　岩石的孔隙度范围（Paul，2001，有修改）

岩性	孔隙度范围（%）
非固结砂岩	35~45
储层砂岩	15~35
压实砂岩	1~15
压实碳酸盐岩	<1~5
泥岩	0~45
黏土	0~45
致密石灰岩	5~10
溶蚀孔洞石灰岩	10~40
白云岩	10~30
白垩	5~40
花岗岩	<1
玄武岩	<0.5
片麻岩	<2
砾岩	1~15

油气储层的聚类和评估主要取决于岩石的参数。表 2.3 展示了中国的岩石孔隙度分类标准。但是，因为不同的颗粒类型、尺寸，以及孔隙半径，碳酸盐岩和碎屑岩具有不同的分类标准。

表 2.3 储层孔隙度分级（引自 SY/T 6285—2011）

碎屑岩		碳酸盐岩	
孔隙度分类	孔隙度（%）	孔隙度分类	孔隙度（%）
极高孔	＞30		
高孔	25~30	高孔	＞20
中孔	15~25	中孔	12~20
低孔	10~15	低孔	4~12
超低孔	5~10	超低孔	＜4
极低孔	＜5		

2.6 孔隙度的测量

在实验室测量岩心样品的孔隙度，通常需要测量孔隙体积和岩样的体积。岩石的总孔隙度可以通过岩心样品测得，或是通过测井曲线测得（图 2.16），总孔隙度中包含了有效孔隙度。通常，使用直接的测量方法得到的孔隙度更加准确。因此，通常会使用测量的孔

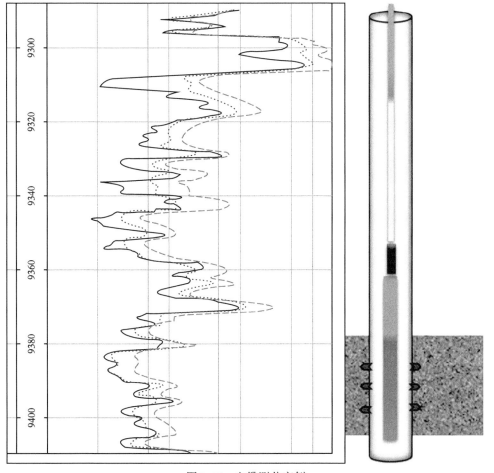

图 2.16 电缆测井实例

隙度对曲线计算出的孔隙度进行校正。

孔隙度常用 ϕ 表示，按照式（2.4）计算：

$$孔隙度 = \frac{孔隙体积}{岩石体积} = \frac{岩石体积 - 基质体积}{颗粒 + 孔隙体积}$$

$$\phi = \frac{V_p}{V_b} = (V_b - V_m)/V_b \tag{2.4}$$

式中 V_p——孔隙体积；

　　　　V_m——基质体积；

　　　　V_b——岩石体积，为 V_p 与 V_m 的和。

对于圆柱形岩心，岩石体积可以按照式（2.5）计算，或是使用流体驱替方法，直接计算岩石占据的体积。

$$V_b = \pi r^2 l \tag{2.5}$$

式中 r——岩心半径；

　　　　l——岩心高度。

孔隙度取决于颗粒的均匀程度和堆叠方式。因此，对于河道砂岩，主要取决于颗粒在地质历史时期的沉积方式，对于碳酸盐岩，主要取决于生物物质的演化和溶蚀。油藏工程师关心的是连通的孔隙（有效孔隙），数值上为连通部分孔隙除以岩石体积。油气充注的孔隙体积表示岩石中被油气占据的孔隙体积。表达式如下：

$$HCPV = V_b \cdot \phi \cdot (1 - S_{wc}) \tag{2.6}$$

式中 $HCPV$——油气充注的孔隙体积；

　　　　S_{wc}——束缚水饱和度。

一般情况下，对孔隙度的分级为：微孔隙储层 0~5%，差孔隙储层 5%~10%，中等孔隙储层 10%~15%，好孔隙储层 15%~20%，极好孔隙储层 20%~25%。在纯净砂岩中，总孔隙与有效孔隙相等（图 2.17）。如图 2.18 所示，有效孔隙是被油气和非泥质束缚水所占

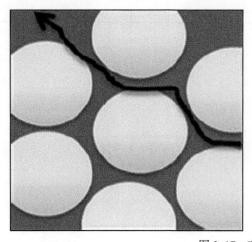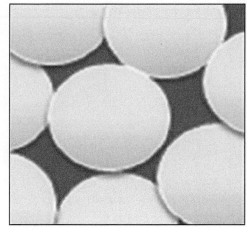

图 2.17　有效孔隙度

据的孔隙（Al-Ruwaili and Al-Waheed，2004）。因此，有效孔隙就是用总孔隙减去泥质束缚水占据的孔隙。

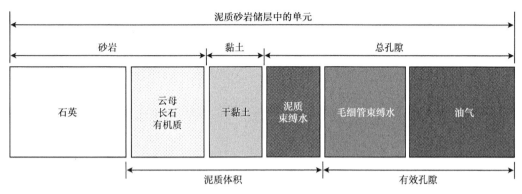

图 2.18 泥质砂岩储层的孔隙度模型

式（2.7）表示，泥质砂岩中，总孔隙度是有效孔隙度的函数：

$$\phi_t = \phi_e + V_{sh} \cdot \phi_{sh} \tag{2.7}$$

式中 ϕ_t——总孔隙度；

ϕ_e——有效孔隙度；

V_{sh}——泥质含量；

ϕ_{sh}——泥质部分所具有的孔隙度。

从测井曲线中，很难计算泥质部分具有的孔隙度（Al-Ruwaili and Al-Waheed，2004）。因此，常使用总孔隙度来代替泥质孔隙度 [式（2.8）]：

$$\phi_t = \frac{\phi_e}{1 - V_{sh}} \tag{2.8}$$

例 2.1

岩心样品的长度是 10.10cm，直径为 3.8cm，经过了细致的清洗，岩心饱和 100% 的地层水，地层水密度为 1.03g/cm³。饱和水的岩心质量为 385g，岩心干重为 355g。确定岩心样品的孔隙度。

解：

岩心的体积根据式（2.5）有：

$$V_b = \pi r^2 l$$

$$V_b = \pi \left(\frac{3.80}{2}\right)^2 \times 10.10 = 114.591 \text{cm}^3$$

岩心的孔隙体积为：

$$V_p = \frac{\text{饱和地层水岩心质量} - \text{干岩心质量}}{\text{地层水密度}}$$

$$V_p = \frac{385 - 355}{1.03} = 29.126 \text{cm}^3$$

使用式 (2.4) 计算岩心样品的孔隙度为:

$$\phi = \frac{V_p}{V_b}$$

$$\phi = \frac{29.126}{114.591} = 0.2542 \text{ 或 } 25.42\%$$

例2.2

一个油藏的原始地层压力与原油的泡点压力相同，为 1000psi，油藏气油比为 500ft³/bbl，油藏温度为 150 ℉，原油的 API 度为 35°API，气体的相对密度为 0.63。其他相关数据如下:

有效孔隙度 $\phi = 18\%$；

油藏面积 $A = 550$acre；

束缚水饱和度 $S_w = 20\%$；

平均厚度 $h = 15$ft；

地层体积系数 $B_o = 1.49$ bbl/bbl。

求原油的原始地质储量 OIIP，单位 bbl。

解:

首先，使用 API 度估计原油的相对密度:

$$API = \frac{141.5}{\gamma_o} - 131.5$$

因此，

$$\gamma_o = \frac{141.5}{35 + 131.5} = 0.849$$

确定孔隙体积:

$$PV = 7758Ah\phi$$

$$PV = 7758 \times 550 \times 15 \times 0.18 = 11520630 \text{bbl}$$

$$OIIP = 7758Ah\phi(1 - S_u)/B_o$$

$$OIIP = 11520630 \times \frac{1 - 0.20}{1.49} = 6185573 \text{bbl}$$

储层岩石的孔隙度可能变化很大。计算平均孔隙度的方法如下。

(1) 如果孔隙度在垂向上存在变化，但平面上变化不明显，那么:

$$\phi_{算数平均} = \sum \phi_i / n$$

或

$$\phi_{厚度加权平均} = \sum \phi_i h_i / \sum h_i$$

(2) 如果沉积环境发生了变化，那么孔隙度在平面上会发生明显变化:

$$\phi_{面积加权平均} = \sum \phi_i A_i / \sum A_i$$

或
$$\phi_{体积加权平均} = \sum \phi_i A_i h / \sum A_i h_i$$

这里，n 是岩心样品的总数，A 是面积，ϕ 是孔隙度，h 是岩心样品代表的储层厚度。

例 2.3

计算下列储层数据的面积加权平均：

$\phi_a = 20\%$，$\phi_b = 11\%$，$\phi_c = 29\%$

$L_1 = 0.35L$

$h_a = h_b = 0.5 h_c$

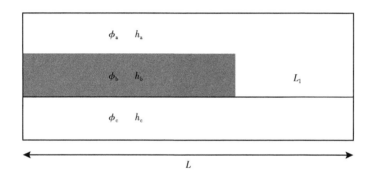

解：

$\phi_{面积加权平均} = \sum \varphi_i A_i / \sum A_i$

$$\sum \phi_i A_i = \phi_a(h_a \cdot L) + \phi_a(h_b \cdot 0.35L) + \phi_b(h_b \cdot 0.65 \cdot L) + \phi_c(h_c \cdot L)$$
$$\sum \phi_i A_i = \phi_a(0.5 \times h_c \cdot L) + \phi_a(0.5 \times h_c \cdot 0.35L)$$
$$+ \phi_b(0.5 \times h_c \cdot 0.65 \cdot L) + \phi_c(h_c \cdot L)$$
$$\sum \phi_i A_i = h_c \cdot L(0.675\phi_a + 0.325\phi_b + \phi_c)$$
$$\sum \phi_i A_i = 0.46075 h_c \cdot L$$

如果：
$$\sum A_i = (1.35 \times h_a) + (0.65 \times h_b) + (h_c \cdot L)$$

那么：
$$h_a = h_b = 0.5 h_c$$
$$\sum A_i = (1.35 \times 0.5 h_c \cdot L) + (0.65 \times 0.5 h_c \cdot L) + (h_c \cdot L)$$
$$\sum A_i = h_c \cdot L(1.35 \times 0.5 + 0.65 \times 0.5 + 1)$$
$$\sum A_i = h_c \cdot L(0.675 + 0.325 + 1)$$
$$\sum A_i = h_c \cdot L(0.675 + 0.325 + 1)$$
$$\sum A_i = 2h_c \cdot L$$
$$\phi = \frac{0.46075 h_c \cdot L}{2h_c \cdot L}$$
$$\phi = 23\%$$

例 2.4

储层的孔隙度在三个区域上各不相同。每个区域的面积和平均孔隙度如下表。计算面积加权平均的孔隙度。

区域	平均孔隙度（%）	面积（ft²）
1	13	160422211
2	20	302140285
3	27	10550111
总计		473112607

解：

$$\phi = \frac{\sum \phi_i A_i}{\sum A_i} = (0.13 \times 160422211 + 0.20 \times 302140285) + 0.27 \times 10.550111)/473112607$$

$$\phi = 18\%$$

例 2.5

使用下列数据，确定算数平均孔隙度和厚度加权平均孔隙度。

岩心号	孔隙度（%）	厚度（ft）
1	8	1.3
2	10	1.0
3	12	1.1
4	9	2.0
5	11	2.1
6	13	1.5

解：

$\phi_{算数平均} = \sum \phi_i / n$

$\phi_{算数平均} = \sum (8\% + 10\% + 15\% + 9\% + 11\% + 13\%)/6 = 11\%$

$\phi_{厚度加权平均} = \sum \phi_i h_i / \sum h_i$

$\phi_{厚度加权平均} = \sum (8 \times 1.3 + 10 \times 1 + 15 \times 1.1 + 9 \times 2 + 11 \times 2.1 + 13 \times 1.5/ \sum 1.3 + 1 + 1.1 + 2$
$+ 2.1 + 1.5) = 11.5\%$

参 考 文 献

Al-Ruwaili S, Al-Waheed H (2004) Improved petrophysical methods and techniques for shaly sands evaluation. Paper presented at the 2004 SPE International Petroleum Conference in Puebla, Mexico, November 8-9, 2004.

Dewan J (1983) Modern open hole log interpretation. Pennwell Publ. Co., Tulsa Oklahoma, 361.

Etminan A, Abbas S (2008) An improved model for geostatistical simulation of fracture parameters and their effect on static and dynamic models. https://doi.org/10.2174/1874834100801010047.

Jorden J, Campbell F (1984) Well logging I—rock properties, borehole environment, mud and temperature logging. Henry L. Doherty Memorial Fund of AIME, SPE: New York, Dallas.

Krumbein WC, Sloss LL (1951) Stratigraphy and sedimentation, 2nd edn. W. H. Freeman, San Francisco and London, p 497 (1963, 660).

LeGeros R, Lin S, Ramin R, Dindo M, John P (2003) Biphasic calcium phosphate bioceramics: preparation, properties and applications. https：//doi. org/10. 1023/a：1022872421333.

Parizek R，White W，Langmuir D（1971）Hydrogeology and geochemistry of folded and faulted carbonate rocks of the Central Appalachian type and related land use problems，p 29. Prepared for the Annual Meeting of The Geological Society of America and Associated Societies.

Paul G （2001） Petrophysics M. Sc. Course Notes. http：//www2. ggl. ulaval. ca/personnel/paglover/CD%20Contents/GGL-66565%20Petrophysics%20English/Chapter%202. PDF；http：//www2. ggl. ulaval. ca/personnel/paglover/CD%20Contents/GGL-66565%20Petrophysics%20English/Chapter%203. PDF.

Pittman R（1983）Multilateral productivity comparisons with undesirable outputs. Econ J 93：883-891.

Rowan E，Hayba D，Nelson P，Burns W，Houseknecht D（2003）Sandstone and Shale compaction curves derived from sonic and gammaray logs in offshorewells，North Slope，Alaska—parameters for basin modeling. U. S. Geological Survey，Open-File Report 03-329.

Schmoker JW，Krystinic KB，Halley RB（1985）Selected characteristics of limestone and dolomite reservoirs in the United States. AAPG Bull 69 （5）：733-741.

SY/T 6285-2011（2011）Evaluating methods of oil and gas reservoirs（China）.

第3章 渗透率

只有当储层岩石具有足够的渗透率时，油气才能流动，因此渗透率是油藏工程中的关键参数，其是孔隙性介质中流体流动能力的衡量参数，量化了流体从储层岩石这种孔隙性介质流入井筒的能力；渗透率越高，流动得越快。

渗透率是一个重要的参数，其与油气的采出量相关。这是油藏工程师最需要确定的参数。通常，渗透率的范围从 0.01mD 到 1D。0.1mD 的渗透率对油藏来说太小了，但对气藏仍是足够的。一个高产的储层，其渗透率通常能够达到 1D 左右。天然条件下，孔隙度较小时，渗透率也较小，但也有孔隙度较大而渗透率仍然较小的情况，如图 3.1 所示，有些储层岩石不能产出油气。

1856 年，Darcy 基于填砂实验总结了经验公式。该公式可用于估计岩石的渗透率。图 3.2 展示了 Darcy 的实验装置，该装置是一个垂直放置的填砂筒，水在重力作用下，由上向下流动，同时在顶底使用压力计测试顶底端的压力。

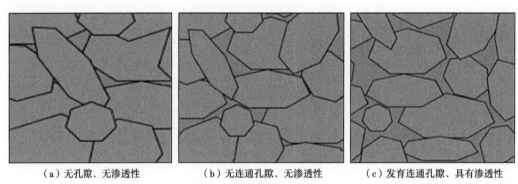

(a) 无孔隙、无渗透性　　　　(b) 无连通孔隙、无渗透性　　　　(c) 发育连通孔隙、具有渗透性

图 3.1　孔隙度和渗透率

Darcy 公式的形式如式（3.1）：

$$Q = \frac{KA(h_2 - h_1)}{\mu L} \tag{3.1}$$

式中　Q——流体的体积流量；

　　　A——横截面面积；

　　　h_1，h_2——分别是顶底端对应的基准面之上的水压头；

　　　L——填砂管的高度；

　　　K——岩石介质有关的常数。

Darcy 的实验是在非固结砂岩中进行的，其假设流体属性不变。因此，对于不同的流体黏度，渗透率需要进行校正。控制流体流动的主要参数是流体压力和重力。通过水压头与压力的关系，就可以估算流动系统中任意一点的压力。将 Δh 表示为绝对压力，对于单相流体的 Darcy 公式就可以表示为式（3.2）：

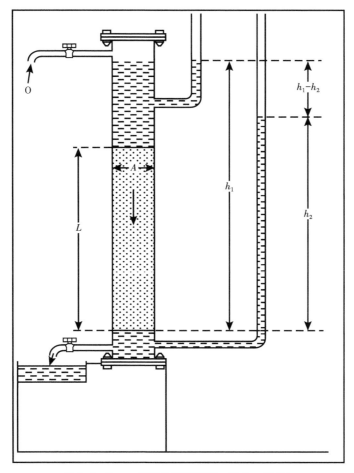

图 3.2　Darcy 初始的实验装置（Folk，1959）

$$Q = \frac{KA(P_i - P_o)}{\mu L} \qquad (3.2)$$

式中　K——渗透率，D；

　　　Q——体积流量，cm^3/s；

　　　P_o——出口端压力，$10^{-5}N$；

　　　P_i——入口端压力，$10^{-5}N$；

　　　μ——流体黏度，$mPa \cdot s$；

　　　L——填砂管长度，cm；

　　　A——填砂管面积，cm^2。

对于单相液体或气体，工业上，常使用式（3.3）和式（3.4）估计渗透率。

对于液体 ［式（3.3）］：

$$K = 1000 \frac{L}{A}\mu Q \frac{1}{P_i - P_o} \qquad (3.3)$$

对于气体 [式 (3.4)]:

$$K = 2000 \frac{L}{A} \mu Q \frac{p_{atm}}{P_o^2 - P_i^2}$$ (3.4)

(1) 对绝对渗透率进行平均。

绝对渗透率也简称为渗透率,是储层评价的常用参数。地层的产能可以通过渗透率、孔隙度、孔隙压力及其他参数确定。绝对渗透率是确定或预测储层性质最困难的参数。通常,在储层中,绝对渗透率的变化很大。直至今日,仍不能完全理解绝对渗透率的分布特征,但在任何油田,这都是一个评价油藏产量的关键参数。没有单一渗透率的均质储层。通常,储层是分层的,并具有不同的渗透率。进一步地,即便储层的非均质性不强,也还是需要将岩心渗透率进行平均,从而描述整个油藏或是单一层段的情况。正确的渗透率平均方式取决于地质历史时期形成的渗透率的分布特征。通常有 3 种简单平均渗透率的方式:加权平均渗透率、调和平均渗透率、几何平均渗透率。

①加权平均渗透率。

该方式用于对层状储层进行平均计算。假设流体沿层流动,层间存在薄隔层 (图3.3)。假设每个层具有相同的面积 A,宽度 W。那么其加权平均渗透率为:

$$K_{avg} = \frac{\sum_{i=1}^{n} K_i h_i}{\sum_{i=1}^{n} h_i}$$ (3.5)

式中 K_{avg}——平均渗透率;

h_i——第 i 层厚度;

K_i——第 i 层渗透率。

图 3.4 表示储层具有多个不同宽度的层。当层间没有渗流的情况下,平均渗透率计算方法如式 (3.6) 所示:

$$K_{avg} = \frac{\sum_{i=1}^{n} K_i A_i}{\sum_{i=1}^{n} A_i}$$ (3.6)

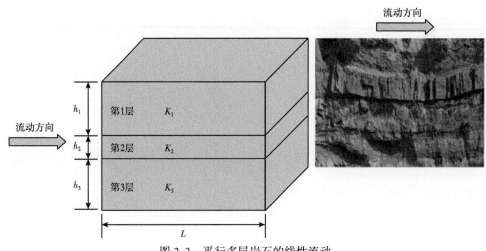

图 3.3　平行多层岩石的线性流动

其中：

$$A = h_i W_i \qquad (3.7)$$

式中　A_i——第 i 层的横截面积；

　　　W_i——第 i 层的宽度。

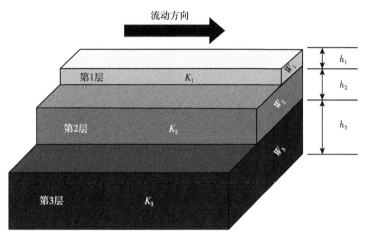

图 3.4　不同截面积层状地层中的线性流动

②调和平均渗透率。

对于一组横向上线性排列、具有不同渗透率值的多段储层，常采用调和平均计算平均渗透率。通常，调和平均渗透率要小于算数平均渗透率式（3.8）。图 3.5 展示了一组顺序排列的、具有不同渗透率的多段储层的示意图。

$$K_{\mathrm{avg}} = \frac{\sum_{i=1}^{n} L_i}{\sum_{i=1}^{n} (L/K)_i} \qquad (3.8)$$

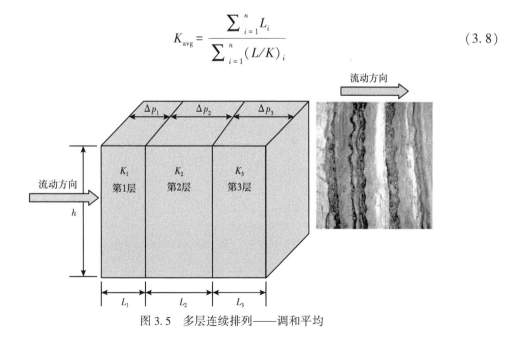

图 3.5　多层连续排列——调和平均

在极坐标系统中（图3.6），常用式（3.9）计算调和平均渗透率：

$$K_{\text{avg}} = \frac{\ln\left(\dfrac{r_e}{r_w}\right)}{\sum_{i=1}^{n}\left[\dfrac{\ln\left(\dfrac{r_i}{r_j}-1\right)}{K_i}\right]} \tag{3.9}$$

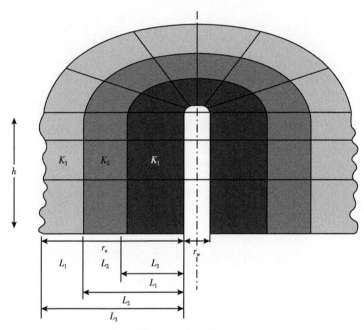

图 3.6 极坐标下多层连续排列——调和平均

③几何平均渗透率。

1961 年，Warren 和 Price 论证了，多个非均质储层的动态响应与储层的几何平均结果一致。例如，白云岩和石灰岩的岩性和结构快速变化，其对应渗透率也变化较大。图 3.7 展示了不同渗透率段随机展布的模式。如果有试井渗透率，那么要将试井渗透率与岩心渗透率进行对比。式（3.10）是几何平均渗透率的计算公式：

$$K_{\text{avg}} = \exp\left[\frac{\sum_{i=1}^{n} h_i \ln(K_i)}{\sum_{i=1}^{n} h_i}\right] \tag{3.10}$$

式中　K_i——岩心样品 i 的渗透率；

　　　h_i——岩心样品 i 对应的厚度；

　　　n——样品总数。

如果所有的岩心样品具有相同的厚度，那么可以使用式（3.11）进行计算：

$$K_{\text{avg}} = (K_1 K_2 K_3 \cdots K_n)^{\frac{1}{n}} \tag{3.11}$$

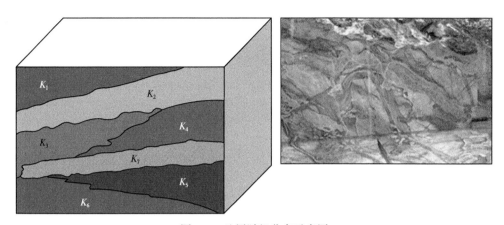

图 3.7　地层随机分布示意图

3.1　渗透率的测量方法

使用渗透率与孔隙度的趋势，以及渗透率的算数平均能够得到小尺度渗透率与钻杆中途测试（DST）之间较好的对应关系。使用布尔模型，可以大致定量基质、裂缝，以及溶孔对渗透率的贡献比例（图 3.8）。

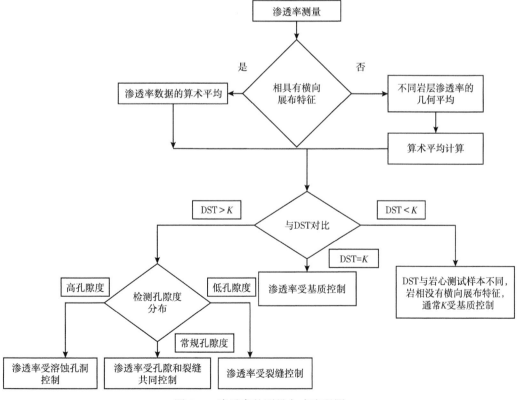

图 3.8　渗透率的测量方式流程图

3.2 渗透率的测量

(1)实验室确定渗透率。

Darcy 公式提供了多孔介质中压力梯度和重力与流体流动的关系(Lock et al.,2012)。圆柱形岩心样品中的单相流体的绝对渗透率如下(图 3.9):

$$Q = A\left(\frac{K}{\mu}\right)\left(\frac{\Delta p}{L}\right) \tag{3.12}$$

式中 Q——流速;

K——渗透率;

μ——流体黏度;

$(\Delta p)/L$——样品水平方向上的压降;

A——样品的截面积。

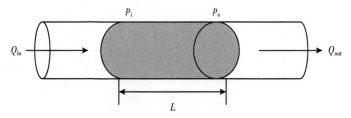

图 3.9 确定岩石渗透率的 Darcy 实验方法

1941 年,Klinkenberg 发现,使用气体测试渗透率时,岩心样品的渗透率并不恒定。Klinkenberg 效应在实验室条件下很重要,因为其处于低压环境(Baehr and Hult,1991)。式(3.13)是平均压力下的气体渗透率与液体渗透率的关系:

$$K_g = K_L\left(1 + \frac{b}{p}\right) \tag{3.13}$$

这里,校正系数 b 通过实验获得,其与岩石的孔隙半径和测试所用的气体类型相关。式(3.13)表示,气测渗透率与压力倒数(1/p)呈线性关系。如图 3.10 所示,随压力增加,气体渗透率接近液体渗透率。因此,无论使用哪种气体,对于给定的岩心,测得的渗透率都是一致的(Amyx et al.,1960)。

(2)试井分析得到的渗透率。

通过试井的压力恢复分析,也可以得到渗透率。在测试过程中,油藏压力下降,之后关井,随之压力上升,并用压力计进行记录,其中压力是储层有效渗透率的函数(Babadagli,2001)。测试层的平均有效渗透率可以使用式(3.14)计算:

$$斜率 = \frac{\text{psi}}{\log(\text{cycle})} = 162.6\frac{q\mu B_o}{Kh} \tag{3.14}$$

式中　q——流速，bbl/d；

　　　μ——黏度，mPa·s；

　　　B_{o}——原油的地层体积系数；

　　　K——渗透率，mD；

　　　h——储层净厚度，ft。

压力恢复测试用来确定油藏压力、表皮系数，以及平均有效渗透率（图3.11）。

使用流动能力 Kh 来表示渗透率，有效渗透率就是对应测试层段上，某一特定相的流动能力。

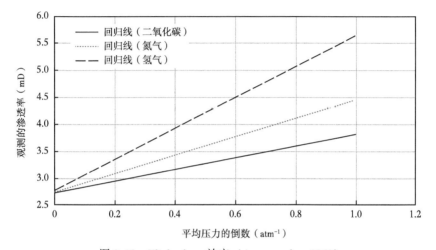

图3.10　Klinbenberg 效应（Amys et al.，1960）

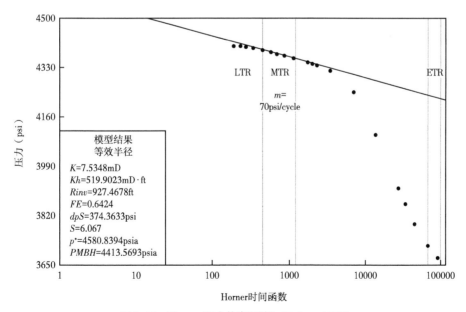

图3.11　Horner 压力恢复图版（Dake，1978）

3.3   绝对渗透率的校正

通过岩心测得的毛细管压力可以用来更加精确地估计不同渗透率储层的束缚水饱和度。因此，使用某一含油高度上的束缚水饱和度就可对此时的渗透率进行校正，通过岩心测得的渗透率，关于孔隙形状与渗透率的复杂关系已经开展了大量的研究，但还没有关于这两个参数之间联系的明确的结论。下面是两个常用的通过孔隙度与束缚水饱和度确定渗透率的经验方法。

（1）Timur 方程。

Timur 提出了下列方程，通过孔隙度和束缚水饱和度来确定渗透率，方程适用于含油储层式（3.15）：

$$K = 8.58102 \left(\frac{\phi^{4.4}}{S_{wc}^2} \right) \tag{3.15}$$

下面的半对数方程常用于砂岩储层中 ［式（3.16）］：

$$\lg 10^K = C \lg 10^{\phi_e} + D \tag{3.16}$$

（2）Morris-Biggs 方程。

Morris 和 Biggs 在 1967 年提出了下列方程，可用于估计油层和气层的渗透率。

油层的方程为式（3.17）：

$$K = 62.5 \left(\frac{\phi^3}{S_{wc}} \right)^2 \tag{3.17}$$

气层的方程式式（3.18）：

$$K = 2.5 \left(\frac{\phi^3}{S_{wc}} \right) \tag{3.18}$$

式中 ϕ_e——有效孔隙度；

K——绝对渗透率，mD；

S_{wc}——油水过渡带之上的有效含水饱和度；

C，D——近似参数，约等于 7。

3.4   垂直渗透率和水平渗透率

水平渗透率被认为是各向相等的（但不是常数）。但如果沉积物的分选较差、磨圆较差，那么垂直渗透率通常比水平渗透率小。K_v / K_h 通常在 0.001~0.1 之间。

3.5   渗透率的影响因素

很多因素都会影响渗透率的值和方向，其中：

结构属性包括：

（1）孔隙大小和颗粒大小；

（2）颗粒的尺寸分布；

（3）颗粒的几何形状；

（4）颗粒的分选；

（5）胶结情况；

（6）颗粒的空置率；

（7）地层的岩性；

（8）地层的孔隙度；

（9）裂缝和溶蚀；

（10）上覆压力；

（11）高速流动的影响；

（12）地层流体的类型；

（13）气体的滑脱效应；

（14）饱和度；

（15）水的温度和黏度（水中的杂质等）；

（16）含气量和有机质含量。

3.6 孔渗关系

渗透率是油气工业中最重要的参数，因为其确定了流体流动的能力。对渗透率影响最大的参数是孔隙度。自然情况下，高孔隙度对应于更多的流动通道。一个重要的经验方法是将孔隙度与渗透率在半对数图版中做交会图（图 3.12）。

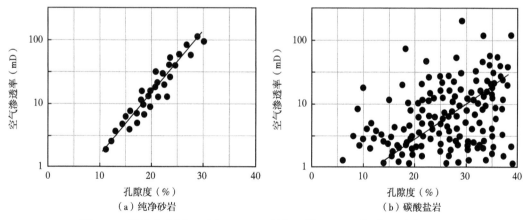

图 3.12　孔渗交会图（引自 Glover，研究生课程《地层评价》课堂笔记）

为了获得更好的结果，应分区交会孔渗数据。同时，也可将不同岩石类型的孔渗交会数据绘制在一张图上（图 3.13）。确定出所有的岩石单元非常耗时，但可以划分为若干单元。通常，在同一单元内，具有同一相关关系，不同的单元间相关关系不同，这是岩石分析中很重要的内容。孔渗相关分析的主要目的是当孔隙度数据可用时，用该关系来预测渗透率，进而确定有效储层的物性下限。

图 3.12 展示了砂岩的渗透率完全由孔隙度控制，但碳酸盐岩的孔渗关系非常离散，说

明孔隙度具有一定的控制作用，但还有其他因素的影响。通常，有些碳酸盐岩会有较高的孔隙度但较低的渗透率，这是因为有些孔隙之间是不连通的（溶孔和溶洞）。

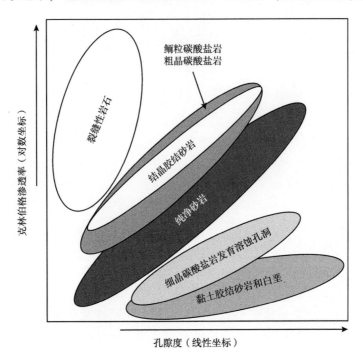

图 3.13　不同岩性岩石的孔渗关系（引自 Glover，研究生课程《地层评价》课堂笔记）

3.7　微生物岩的孔渗性质

碳酸盐岩地层中一种广泛分布的油气聚集是"微生物岩"，其发育在古湖相沉积的盐下碳酸盐岩地层中。目前，巴西浅海的裂谷地层（Beasley et al.，2010）和安哥拉（Wasson et al.，2012）是讨论最多的盐下碳酸盐岩地层（图 3.14）。

这些存在巨大潜力的白垩系盆地发育于非洲和美洲板块分开时期（Reston，2009）。很多勘探活动证实，这些独特的盐下碳酸盐岩储层蕴含了巨大的油气潜力。在 2007 年年底，发现了巨型的盐下油气藏，位于巴西的圣灵州与圣卡塔琳娜州之间，这是从巴西东北部到南部，墨西哥湾，非洲西海岸最大的盐下油气发现（Izundu，2009）。

盐层沉积前会伴随很多特殊现象（如油气的生成和运移，褶皱的形成，沉积物的沉积等）。盐下地层由于上覆巨厚的盐层，也会伴生很多特殊现象和物质（比如油气的聚集、地震反射，以及特殊岩层等）。盐下油藏在巴西、安哥拉，以及其他一些更老的地层中都有成功发现。

图 3.15 展示了一张盐下油藏的剖面。Terra 等人在 2010 年表征了不同形态和结构的盐下油藏中的岩石类型。

盐下碳酸盐岩地层可能发育溶洞和裂缝，但之间没有明确关系。通常，岩石属性受粒间孔和溶蚀孔网络控制。储层属性受溶蚀孔洞之间连通关系的影响很大（Lucia，1999，2007）。

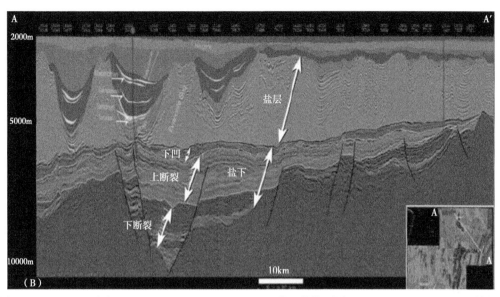

图 3.14　（a）巴西浅海 Santos、Campos 和 Espirito Santo 盆地的位置图，（b）Santos 盐下地层地震剖面

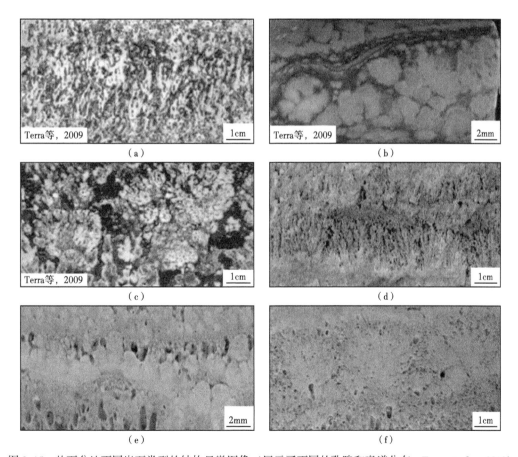

图 3.15　盐下盆地不同岩石类型的结构显微图像（展示了不同的孔隙和喉道分布，Terra et al.，2010）

微观的岩相研究发现，盐下碳酸盐岩储层在亚厘米尺度上就会发生较大的变化（图 3.16），岩石都不再保持特定的孔隙结构了（Chitale et al.，2014）。

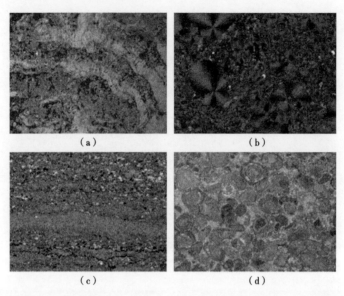

图 3.16　盐下碳酸盐岩结构。（a）Darker 样品，细菌富集层发育浅色的富硅质条带；
（b）球粒；（c）云质泥灰岩和硅质颗粒；（d）鲕粒（Chitale et al.，2014）

图 3.17 清晰地展示了成岩作用对盐下碳酸盐岩孔隙空间的影响。有些成岩作用增加了孔隙度和渗透率，但有些成岩作用相反。通常，还会有成岩作用增加孔隙度的同时，降低了渗透率，同时也有成岩作用降低孔隙度但增加了渗透率。进而，盐下岩石的含油饱和度也会受到影响（图 3.18）。

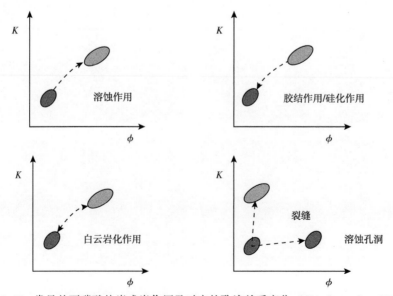

图 3.17　常见盐下碳酸盐岩成岩作用及对应的孔渗关系变化（Chitale et al.，2014）

通常，在勘探和评价中，应用新的技术会提高岩下碳酸盐岩地层评价的精度。同时，先进的测井方式，比如元素谱测井、NMR、井筒成像等，与岩心分析配合，也能够帮助表征盐下碳酸盐岩的非均质性。

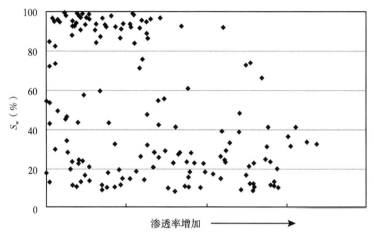

图 3.18　盐下碳酸盐岩实例（表现出渗透率与流体饱和度之间剧烈的变化，Chitale et al.，2014）

3.8　基于 Kozeny-Carman 方程估算渗透率

Kozeny-Carman 方程可以用来预测渗透率。方程通过综合 Darcy 和 Poiseuille 公式推导出来。Darcy 公式描述的是流体流动的宏观效果，Poiseuille 方程描述的是黏性流体在细管中的流动。

Kozeny-Carman 方程提出，渗透率是孔隙度、粒度，迁曲度的函数（Kozeny，1927）。方程通常用来描述孔隙介质中的压力降。该方程可用来计算单相流体的渗透率。因为 Kozeny 方程描述的是孔隙度和渗透率的关系，因此假定粒度和迁曲度是固定不变的。通常，Kozeny 方程建立的绝对渗透率与孔隙度、粒度的关系如式（3.19）所示：

$$K_A \sim d^2 \phi^3 \tag{3.19}$$

该关系通常用于模拟某一数据集中渗透率和孔隙度的关系。因此，通常将粒度设定为常数。式（3.20）是单相流的 Kozeny 方程（Mc Cabe，2005）：

$$K = a \frac{\phi^3 D_p^2}{(1-\phi)^2} \tag{3.20}$$

式中　a——比例系数，mD/mm²。

综合的比例系数均值一般为 $0.8 \times 10^6 / 1.0135$，受泥质含量影响，会上下波动，对于纯净砂岩，该值可能达到 $3.2 \times 10^6 / 1.0135$。

3.9　渗透率的方向性

通常，在均质储层中，渗透率是各向同性的。但在非均质砂岩中，不同方向上的渗透率不同。渗透率在不同方向上的变化，对天然能量开发和水驱开发具有重要影响。渗透率的方向性可以通过实验室的岩心取样获得，或是对水平井进行选区试井得到。通常，岩心柱塞的取样会垂直于井筒方向，而测试垂向渗透率的柱塞要垂直于地质层面（图 3.19）。现今的测井技术也可以帮助评估渗透率的方向性。

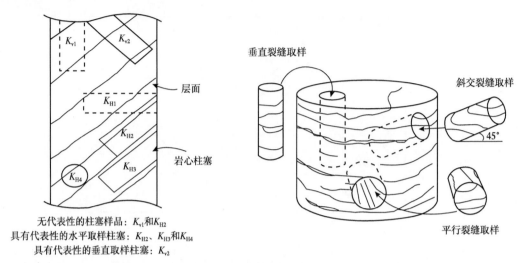

图 3.19　确定不同方向渗透率要求的岩心柱塞取样方向

渗透率的方向性通常用于描述储层岩石的非均质性。各向异性会对储层岩石的有效渗透率造成影响。因为储层岩石渗透率会在某个方向上增加，而在其他方向上降低。比如发育垂向裂缝时，垂直方向上的渗透率会增高，而水平方向上是基质渗透率，会相对较低。这种储层岩石渗透的差异就称为各向异性。

3.10　Lorenz 系数

1950 年，Schmalz 和 Rahme 提出了使用单一因素表征储层内非均质性的参数，称为 Lorenz 系数，对于完全均质储层，该系数为 0，对于完全非均质储层，其系数为 1。

计算 Lorenz 系数的步骤如下：

（1）将渗透率样品按照递减的顺序排列；

（2）计算累计渗透能力 ΣKh 和累计储集能力 $\Sigma \phi h$；

（3）将上述两个数值归一化处理；

（4）将归一化的两个参数在线性坐标上交会。

图 3.20 展示了归一化的流动能力。如果系统中的渗透率都相等，那么在交会图上表现为一条直线。从图 3.20 可以看出，高低渗透率差异增大时，曲线向左上角凸出，从均质的直线开始，曲线的导数越大，对应的非均性越强。通过计算 Lorenz 系数可以定量评价储层的非均质性。该系数的计算公式为式（3.21）：

$$L = \frac{Area\ ABCA}{Area\ ADCA} \tag{3.21}$$

式中　L——Lorenz 系数，其范围为 0~1。

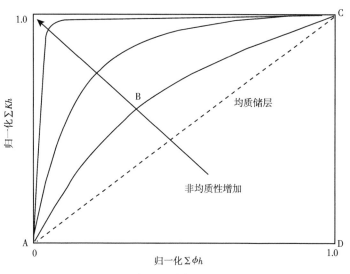

图 3.20 归一化的流动能力（Craig，1971）

3.11 Dykstra-Parsons 系数

Dykstra-Parsons 系数（V_k）是另一个评价非均质性的参数。该参数是一个评价样品离散程度的无量纲数（Jensen et al.，1997）。定义为样品的标准方差除以样品的均值，也称为变异系数。在油气工业中，V_k 常用于评价储层的非均质性（Saner and Sahin，1999）。对于不同来源的数据，其均值和标准差通常同时变化，但标准差常保持为常数。当 V_k 发生较大的变化时，可以说明样品数据源之间的差异（Jensen et al.，1997）。除此之外，相对于均值，变异系数还可以表明相对标准正态分布数据的离散程度。变异系数可以表明用简单的小数表示，或使用百分数表示（$0 < V_k < 1$）。当变异系数接近于 0 时，数据的离散程度相对于均值较小，因此，当 V_k 接近于 1 时。数据的离散程度相对于均值就较大。通常，Dykstra-Parsons 使用渗透率的对数正态分布来描述这个反应渗透率变化的系数（Dykstra and Parsons，1950）［式（3.22）］。

$$V_k = \frac{s}{\overline{K}} \tag{3.22}$$

式中 s——标准差；

$\overline{K}$——K 的均值。

对于数据组，标准差表示为式（3.23）：

$$s = \sqrt{\sum_{i=1}^{n}(K_i - \overline{K})^2 / n - 1} \tag{3.23}$$

或是式（3.24）：

$$s = \sqrt{\sum_{i=1}^{n}(K_i^2 - n\overline{K}^2) / n - 1} \tag{3.24}$$

式中 $\overline{K}$——渗透率的算数平均值;

   n——总的数据量;

   K_i——单一样品的渗透率。

在正态分布中,84.1%的样品渗透率值小于$\overline{K}+s$,15.9%的样品渗透率值大于$\overline{K}-s$。

Dykstra-Parsons 系数 V_k 可以通过渗透率的对数概率图(图3.21),并应用式(3.25)计算得到:

$$V_k = \frac{K_{50} - K_{84.1}}{K_{50}} \tag{3.25}$$

式中 K_{50}——渗透率累计概率图上50%对应的渗透率值;

   $K_{84.1}$——渗透率累计概率图上84.1%对应的渗透率值。

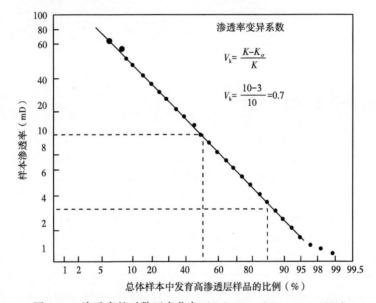

图3.21 渗透率的对数正态分布(Dykstra and Parsons,1950)

对于渗透率符合对数正态分布形式,可以通过式(3.26)估计 Dykstra-Parsons 系数:

$$V_k = 1 - \exp\left[-\sqrt{\ln\left(-\frac{K_a}{K_h}\right)}\right] \tag{3.26}$$

式中 K_a——渗透率的算数平均;

   K_h——渗透率的调和平均;

   V_k——储层非均质性的表征参数,其范围为0~1。

当 $V_k=0$ 时,为理想的均质储层;当 $0<V_k<0.25$ 时,为弱非均质性储层;当 $0.25<V_k<0.50$ 时,为非均质性储层;当 $0.50<V_k<0.75$ 时,为强非均质性储层;当 $0.75<V_k<1$ 时,为极强非均质性储层;当 $V_k=1$ 时,为完全非均质性储层。

例 3.1

地层水的黏度为 1.1mPa·s，在岩心的中流速为 0.35cm³/s，压差为 1.5atm。岩心样品的长度为 3.5cm，岩心的截面积为 4cm²。

计算岩石的绝对渗透率。

解：

根据 Darcy 公式：

$$q = \frac{KA}{\mu L}(p_1 - p_2)$$

$$K = \frac{q\mu L}{A}(p_1 - p_2)$$

$$K = \frac{0.35 \times 1.1 \times 3.5 \times 1.5}{4}$$

$$K = 0.505D$$

例 3.2

使用例 1 中的数据，这次使用油作为流体，假设油的黏度为 3mPa·s，计算相同压差情况，流量为 0.2cm³/s 时的绝对渗透率。

解：

$$K = \frac{0.2 \times 3 \times 3.5 \times 1.5}{4}$$

$$K = 0.788D$$

例 3.3

确定储层岩石的平均渗透率，岩心分析的渗透率结果见下表：

层	深度段（ft）	渗透率值（mD）
1	2504~2508	120
2	2508~2015	180
3	2515~2520	130
4	2520~2525	110
5	2525~2531	200
6	2504~2508	120

解：

层	厚度 h_i（ft）	渗透率 K_i（mD）	$h_i K_i$（ft·mD）
1	4	150	600
2	4	120	480
3	7	180	1260
4	5	130	650
5	5	110	550
6	6	200	1200
	$\sum h_i = 31$		$\sum h_i K_i = 4740$

$$K = \sum h_i K_i / \sum h_i$$

$$K = \frac{4740}{31} = 153 \text{mD}$$

例 3.4

计算一个顺序排列储层的平均渗透率，每个层的渗透率依次为 10mD、50mD、1000mD，长度依次为 6ft、18ft、40ft，每个层的截面积相等，如下图所示。

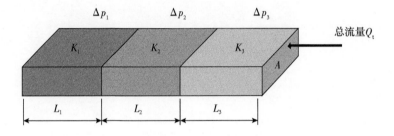

解：

$$Q_t = Q_1 = Q_2 = Q_3$$

$$\Delta p_t = \Delta p_1 + \Delta p_2 + \Delta p_3$$

$$L_t = L_1 + L_2 + L_3$$

$$Q_t = \frac{K_{avg} A \Delta p_t}{\mu L}, \quad Q_1 = \frac{K_{avg} A \Delta p_1}{\mu L}, \quad Q_2 = \frac{K_{avg} A \Delta p_2}{\mu L}, \quad Q_3 = \frac{K_{avg} A \Delta p_3}{\mu L}$$

解出压力并代入式中。

$$\frac{Q_t \mu L}{K_{avg} A} = \frac{Q_t \mu L}{K_1 A} + \frac{Q_t \mu L}{K_2 A} + \frac{Q_t \mu L}{K_3 A}$$

$$\frac{L}{K_{avg}} = \frac{L_1}{K_1} + \frac{L_2}{K_2} + \frac{L_3}{K_3}$$

$$K_{avg} = \frac{L}{\sum_{|z|}^{n} \frac{L_i}{K_i}}$$

$$K_{avg} = \frac{6+18+40}{\dfrac{6}{10} + \dfrac{18}{50} + \dfrac{40}{1000}} = 64 \text{mD}$$

例 3.5

一套 6 个层叠置的层状油藏，所有层的长度相同。每个层的渗透率和厚度见下表。估计层状系统的平均渗透率。

层	长度（ft）	渗透率 K_i（mD）
1	100	90
2	200	70
3	150	60
4	300	45
5	150	30
6	200	15

解：

层	厚度 h_i（ft）	渗透率 K_i（mD）	h_iK_i（ft·mD）
1	100	90	9000
2	200	70	14000
3	150	60	9000
4	300	45	13500
5	150	30	4500
6	200	15	3000
	$\sum h_i = 1100$		$\sum L_iK_i = 53000$

$$K = \sum h_iK_i / \sum h_i$$
$$K = \frac{53000}{1100} = 48\text{mD}$$

例 3.6

一个径向储层系统，径向上存在 6 套层，所有地层厚度相等。每个地层径向上的厚度和渗透率见下表。假设井筒半径为 0.24ft，估计径向流动的平均渗透率。

层	r_i（ft）	K_i（mD）	$\ln(r_i/r_iB_i)$
1	150	80	6.397
2	350	50	1.000
	650	30	0.619
4	1150	25	1.000
5	1350	10	0.160

解：

层	r_i（ft）	K_i（mD）	$\ln(r_i/r_iB_i)$	$\ln(r_i/r_iB_i)/K_i$
1	150	80	6.397	0.080
2	350	50	1.000	0.017
3	650	30	0.619	0.021
4	1150	25	1.000	0.029
5	1350	10	0.160	0.016

$$\sum \left[\ln(r_i/r_iB_i) \right]/K_i = 0.163$$

$$K_{avg} = \frac{\ln\left(\dfrac{1350}{0.25}\right)}{0.163} = 53mD$$

例 3.7

使用 Timur 方程，计算含油区的绝对渗透率，含油区的孔隙度为 20%，含水饱和度为 25%。

解：

Timur 方程：

$$K = 8.58102\left(\frac{\phi^{4.4}}{S_{wc}^2}\right)$$

$$K = 8.58102\left(\frac{0.2^{4.4}}{0.25^2}\right) = 0.115D$$

例 3.8

使用 Morris 和 Biggs 方程，计算含油区的绝对渗透率，含油区的孔隙度为 20%，含水饱和度为 25%。

解：

Morris 和 Biggs 方程：

$$K = 62.5\left(\frac{\phi^3}{S_{wc}}\right)^2$$

$$K = 62.5\left(\frac{0.2^3}{0.25}\right)^2 = 0.064D$$

例 3.9

在两个压力条件下进行气体流动测试。

测试 1：$p = 12atm$。

测试 2：$p = 3atm$。

测试用岩心渗透率为 0.2mD，气体的黏度为 0.01mPa·s，这些参数在测试中可视为常数。Klinkenberg 校正因子为 1.0，岩石渗透率为 0.2mD。

计算两个测试中的气体视渗透率。

解：

对于测试 1，气体的视渗透率为：

$$K_g = K_L\left(1 + \frac{b}{p}\right)$$

$$K_g = 2\left(1 + \frac{1}{12}\right) = 2.2mD$$

对于测试 2：

$$K_g = 2\left(1 + \frac{1}{3}\right) = 2.7mD$$

如果忽略 Klinkenberg 校正因子，两者的差异为 50%，这将造成巨大的错误。Klinkenberg 校正因子还与气体的组成有关（图 3.10）。

例 3.10

通常，如果井筒附近发生了污染，那么将导致储层平均渗透率小于未受污染情况下的储层平均渗透率。使用下列数据计算平均渗透率：

$K_1 = 15\text{mD}$，$r_1 = 1.5\text{ft}$；

$K_2 = 250\text{mD}$，$r_2 = 200\text{ft}$；

$r_\text{w} = 0.24\text{ft}$。

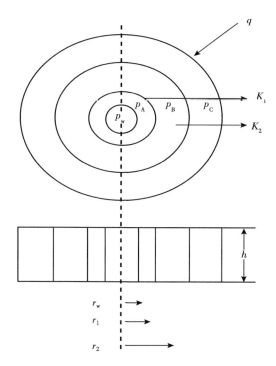

解：

$$K_\text{avg} = \frac{\ln\left(\dfrac{r_e}{r_\text{w}}\right)}{\sum_{i=1}^{n}\left[\dfrac{\ln\left(\dfrac{r_i}{r_i}-1\right)}{K_i}\right]}$$

$$K_\text{avg} = \frac{\ln\left(\dfrac{200}{0.24}\right)}{\dfrac{\ln\left(\dfrac{1.5}{0.24}\right)}{15} + \dfrac{\ln\left(\dfrac{200}{1.5}\right)}{250}} = 47.4\text{mD}$$

例 3.11

使用 Poiseuille 和 Darcy 公式估计岩石的渗透率，将岩石简化为毛细管束，毛细管束的等效半径为 0.0002in。

解：

Poiseuille 公式为：

$$q = \frac{\pi r^2}{8\mu L}(p_1 - p_2)$$

这里，

$$A = \pi r^2$$

$$q = \frac{A}{8\mu L}(p_1 - p_2)$$

线性流动的 Darcy 方程为：

$$q = \frac{KA}{\mu L}(p_1 - p_2)$$

两个方程具有同样单位，因此

$$\frac{A}{8\mu L}(p_1 - p_2) = \frac{A}{\mu L}(p_1 - p_2)$$

$$K = \frac{r^2}{8} = \frac{d^2}{32}$$

这里：

$d = 0.0002\text{in}$，$K = 20 \times 10^9 d^2 \text{mD}$

$K = 20 \times 10^9 d^2$

$\quad = 20 \times 10^9 (0.0002\text{in})^2$

$\quad = 800\text{mD}$

例 3.12

使用图示计算 Lorenz 系数 L。

解：

计算面积的总和，其中，A 区域的面积为 0.5，B 区域的面积为 0.21。因此，按照 Lorenz 系数计算式（式3.4）：

$$L = \frac{Area\ ABCA}{Area\ ADCA}$$

$L = 0.21/0.5 = 0.42$

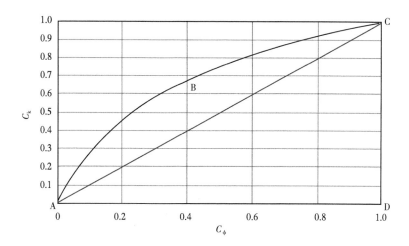

参 考 文 献

Amyx J, Bass D, Whiting R (1960) Petroleum reservoir engineering physical properties. ISBN: 9780070016002, 0070016003.

Babadagli Ⅰ A, Al-BemaniK, Al-Shammakhi (2001) Assessment of permeability distribution through well test analysis. https://doi.org/10.2118/68707-ms, SPE-68707-MS, SPE Asia Pacific Oil and Gas Conference and Exhibition, 17-19 April, Jakarta, Indonesia.

Baehr A, Hult M (1991) Evaluation of unsaturated zone air permeability through pneumatic tests. Water Resour Res 27 (10): 2605-2617.

Beasley C, Fiduk J, Bize E, Boyd A, Frydman M, Zerilli A, Dribus J, Moreira J, Capeliero A (2010) Brazil's subsalt play. Oilfield Rev 22 (3): 28-37.

BuenoR, LavínMF, Marinone SG, Raimondi PT, ShawWW (2009) Rapid effects ofmarine reserves via larval dispersal. PLoS ONE 4 (1): e4140. https://doi.org/10.1371/journal.pone.0004140.

Chitale V, Gbenga A, Rob K, Alistair T, Paul (2014) Learning from deployment of a variety of modern petrophysical formation evaluation technologies and techniques for characterization of a presalt carbonate reservoir: case study from campos basin, Brazil. Presented at the SPEWLA 55th Annual Logging Symposium Abu Dhabi, 18-22 May. SPWLA-2014-G.

Craig Jr (1971) The reservoir engineering aspects of Waterflooding. In: SPE of A.I.M.E., Dallas, 1971, pp 64-66.

Dake L (1978) Fundamentals of reservoir engineering. Elsevier, Amsterdam.

Dykstra H, Parsons R (1950) The prediction of oil recovery in waterflood. Secondary recovery of oil in the United States, 2nd edn. American Petroleum Institute (API), Washington, DC, pp 160-174.

Folk R (1959) Practical petrographic classification of limestones. AAPG Bulletin 43: 1-38.

Izundu U (2009) Soco spuds Liyeke Marine-1 oil well off Congo. Oil Gas J, 24 Aug Jensen J, Lake L, Corbett P, Goggin D (1997) Statistics for petroleum engineers and geoscientists. Prentice Hall, Upper Saddle River, NJ, pp 144-166.

Kozeny J (1927) ber kapillare Leitung desWassers im Boden (AufstiegVersikerung und Anwendung auf die Bemasserung), SitzungsberAkad., Wiss, Wein, Math. Naturwiss. Kl 136 (Ila), pp 271-306.

Lock M, GhasemiM, Mostofi V, Rasouli (2012) An experimental study of permeability determination in the lab. WIT Trans. Eng. Sci. 81. Department of Petroleum Engineering, Curtin University, Australia. http: // dx. doi. org/10. 2495/PMR120201.

Lucia FJ (1999) Characterization of petrophysical flow units in carbonate reservoirs: discussion. AAPG Bull 83 (7): 1161-1163.

Lucia FJ (2007) Predicting petrophysical properties based on conformance between diagenetic products and depositional textures (abs.). American Association of Petroleum Geologists Annual Convention 16: 85.

McCabeW, Smith J, Harriot P (2005) Unit operations of chemical engineering (7th ed.). McGraw-Hill, New York, pp 163-165, ISBN 0-07-284823-5.

Morris RL, Biggs WP (1967) Using log-derived values of water saturation and porosity. In: Transactions of the SPWLA 8th annual logging symposium, Paper X, p 26.

Reston T (2009) The extension discrepancy and syn-rift subsidence deficit at rifted margins. Petrol Geosci 15 (3): 217-237.

Saner S, Sahin A (1999) Lithological and Zonal porosity-permeability distributions in the Arab D Reservoir, Uthmaniyah Field, Saudi Arabia. Am Assoc Petrol Geol Bull 83 (2): 230-243.

Schmalz J, Rahme H (1950) The variation in waterflood performance with variation in permeability profile. Producer's Mon, 9-12.

Terra G et al (2010) Carbonate rock classification applied to Brazilian sedimentary basins. Boletin Geociencias Petrobras 18 (1): 9-29.

TimurA (1968) Aninvestigation of permeability, porosity and residualwater saturation relationships for sandstone reservoirs. Log Anal 9 (4) .

WassonM, Saller A, Andres M, Self D, Lomando A (2012) Lacustrine microbial carbonate facies in core from the lower Cretaceous Toca Formation, Block 0, offshore Angola. Abstract AAPG Hedberg.

第4章 润湿性

如果两种互相不混溶的流体在岩石表面发生接触，其中一种相对于另一种会更加容易吸附在岩石表面。这主要源于液体内分子间作用力和界面张力之间的平衡。如图4.1所示，在油水固的接触点上，矢量力平衡式（4.1）：

$$\sigma_{os} - \sigma_{ws} = \sigma_{ow}\cos\theta_c \tag{4.1}$$

式中 σ_{os}——油固之间的界面张力；

σ_{ws}——水固之间的界面张力；

σ_{ow}——油水之间的界面张力；

θ_c——油水接触角，从固体表面开始经过水相的角度。

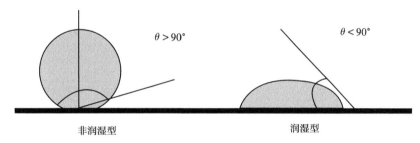

图4.1   水—油—固体界面之间的相互作用

当接触角 $\theta<90°$ 时，系统是水湿的，此时水在固体表面延展；当接触角 $\theta>90°$ 时，系统是油湿的，此时油在固体表面。

附着力的公式为式（4.2）：

$$\sigma_{ws} - \sigma_{os} = \sigma_{ow}\cos\theta \tag{4.2}$$

当固体为水湿时：

$$\sigma_{ws} \geqslant \sigma_{os}$$

附着力为正，因此：

$$0° \leqslant \theta \leqslant 90°$$

当 $\theta=0$ 时，固体表面为强水湿。

当固体为油湿时：

$$\sigma_{ws} \leqslant \sigma_{os}$$

附着力为负，因此：

$$90° \leqslant \theta \leqslant 180°$$

当 $\theta=180°$ 时，固体表面为强油湿。

4.1 界面张力和接触角

液体的界面张力确定了液滴的形态。对于一颗纯净的液滴，每个分子的各个方向上都受到临近分子的拖拽力，从而其综合净应力为零。但处于表面的分子，其所受的净应力并不为零，而只受到来自液体内部分子的拖拽力（图4.2），从而形成向内的压力。因此，形成了液体表面，液体表面的自由能最小。

因此，液体内部分子形成液体表面的黏滞力就称为界面张力，其控制了液滴的形态。事实上，重力作用会改变液滴的形态；从而，重力和界面张力共同塑造了接触角。理想情况下，在特定的环境下，某种固液系统的接触角是确定的（Jacco and Bruno，2008）。

图 4.2 界面张力源自流体分子与固体分子在界面处的力平衡

正如 Young（1805）提出，液滴在固体表面的接触角受气—液，固—气，以及固—液界面张力影响［式（4.3）］。

$$\gamma_{lv}\cos\theta_Y = \gamma_{sv} - \gamma_{sl} \tag{4.3}$$

式中 γ_{lv}——液气界面张力；

γ_{sv}——固气界面张力；

γ_{sl}——固液界面张力；

θ_Y——Young 接触角。

有时使用单一的静态接触角描述润湿性会不适用。如果有三相流体流动，接触角会发生变化，这即是所谓的动态接触角。尤其是，当液体膨胀或黏滞时，接触角会发生变化，膨胀时称为前进接触角 θ_a，收缩黏滞时称为后退接触角 θ_r（图4.3）。

前进接触角对应接触角的最大值，后退接触角对应接触角的最小值。通过改变流速，可以确定动态接触角的范围。当流速很低时，动态接触角会接近或等于静态接触角。动态接触角与静态接触角的差异，称为滞后效应，式（4.4）：

$$H = \theta_a - \theta_r \tag{4.4}$$

确定润湿角对确定物质界面的性质很重要。McDougall and Ockrent（1942）提出了倾斜板方法，他们改进了使用静态液滴法确定润湿角的方式，将斜板逐渐增加角度，直到液滴开始运动，从而确定前进润湿角和后退润湿角（图4.4）。该方法还会应用于聚合物界面的差异性研究。

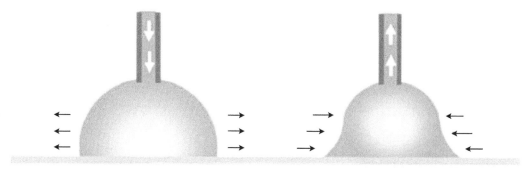

图4.3　前进润湿角和后退润湿角示意图

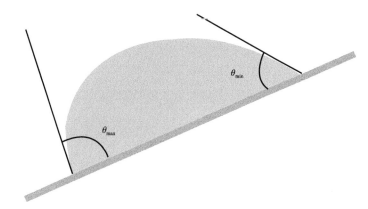

图4.4　使用倾斜板方法测试润湿角的示意图（前进润湿角和后退润湿角
对应液滴开始运动时的三相界面角度）

前进润湿角和后退润湿角之间特殊的关系在具体应用时要格外慎重，因为，某种程度上说，这种关系并不是确定的。

Jung 和 Bhushan（2008）又发表了通过环境扫描电镜（ESEM）研究极端疏水性界面动态润湿过程的研究成果。当凝结和蒸发达到动态平衡时，静态润湿角便确定了。将基板加热，便可得到前进润湿角。相反，将基板冷却，就可以得到后退润湿角。进而，便可以确定润湿滞后特征，测试结果与液滴表现出的宏观特征一致。还有观点认为，润湿滞后现象主要源自与两相界面的几何形态特征（图4.5）。

环境扫描电镜在描述微观和纳米尺度特征时具有很多优势。微观和纳米尺度下的润湿性研究为润湿性结构研究的进步开辟了新的技术途径。

通常，简单或是先进的研究手段会应用于不同尺度的润湿性表征过程，包括宏观的、微观的，以及纳米级的尺度。但对于微观尺度或是纳米尺度下，认识润湿机理和控制润湿行为还存在很多复杂的难题。目前，对极小液滴成像最适用的技术就是原子力显微镜（AFM）和环境扫描电镜（ESEM）。AFM 可以提供纳米尺度下的高清图像，而 ESEM 只能提供微米尺度下的高清图像。

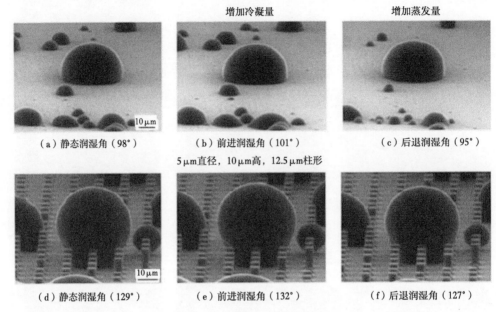

（a）静态润湿角（98°）　　（b）前进润湿角（101°）　　（c）后退润湿角（95°）

5μm直径，10μm高，12.5μm柱形

（d）静态润湿角（129°）　　（e）前进润湿角（132°）　　（f）后退润湿角（127°）

图4.5　静态润湿角、前进润湿角、后退润湿角的 ESEM 图像（Jung and Bhushan，2008）

4.2　滞后效应

渗透性岩石饱和流体的历史对其润湿性具有重要影响，这种效应称为滞后效应。润湿性对于估计相渗和毛细管压力具有重要影响。

毛细管压力和相渗取决于饱和度的变化过程。图 4.6 中的实例表明，气油系统的滞后效应对气相相渗具有重要影响。通常，油相的滞后效应很小（图 4.6）。滞后效应对束缚气饱和度具有重大影响。

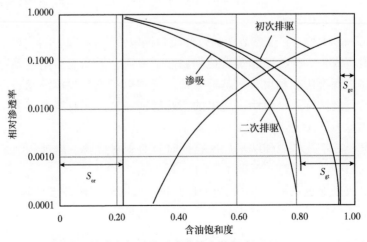

图4.6　润湿滞后效应在相对渗透率曲线上的相应（Geffen et al.，1950）

在油水系统中，一个实际的滞后效应如图4.7所示（Geffen et al.，1950），一种相的滞后效应明显，而另一种相的滞后效应较弱。

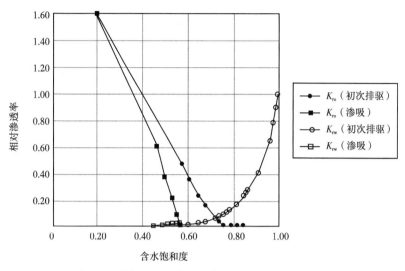

图4.7　砂岩的润湿滞后现象（Geffen et al.，1950）

4.3　应用纳米粒子改变润湿性

很多研究都发现，单独使用纳米粒子（NPs）或是与表面活性剂配合使用，都会改变润湿性（图4.8）。使用纳米粒子改变润湿性的影响因素有很多，比如纳米粒子的浓度、油藏的原始条件、原油的性质、纳米粒子的类型等。例如，亲脂性多晶硅纳米粒子可以将岩石的润湿性从亲油转变为亲水。同时，纳米粒子还能够将水湿岩石转变为强水湿岩石，这会延迟原油的生产，从而影响原油的采收率（Onyekonwu and Ogolo，2010）。同样，疏水性多晶硅纳米粒子可以将岩石的润湿性从水湿转变为油湿。多晶硅纳米粒子可以将岩石的润湿性转变为中等润湿，因其同时存在亲水性和疏水性基团。

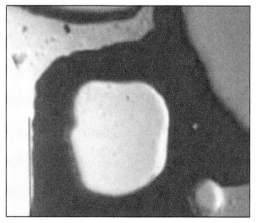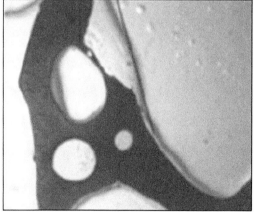

图4.8　孔隙尺度的润湿性测试（Maghzi et al.，2012）

有些学者研究了二氧化硅纳米粒子对轻质油和重质油采收率的影响,发现二氧化硅纳米粒子对轻质油润湿性的改变强于重质油储层 (Roustaei et al. , 2012)。优化将纳米粒子的浓度以达到理想的润湿性。文章中有许多关于砂岩润湿性转变的研究,但对于碳酸盐岩润湿性转变的研究较少。

4.4　渗吸和排驱

渗吸的过程是润湿相流体增加,排驱的过程是润湿相流体减少 (图4.9)。

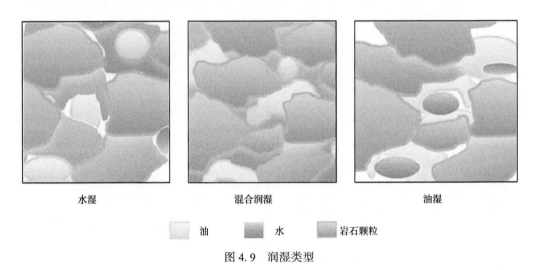

水湿　　　　　　　　混合润湿　　　　　　　油湿

□油　　■水　　■岩石颗粒

图 4.9　润湿类型

渗吸过程中,润湿相流体饱和度增加,非润湿相流体饱和度减少。如果毛细管压力是正数,那么在润湿相流体自然渗吸过程中,毛细管压力是动力。这模拟了水湿储层的水驱过程。通常,这种现象发生在水湿储层中,水湿储层水驱过程中,水优先进入小孔隙,驱替原油。同样,如果是油湿储层,油将优先进入小孔隙而排驱水。

排驱的过程中,含水饱和度下降。如果毛细管压力为负值,那么称其为自然排驱,如果毛细管压力为正值,那么称为强制排驱。这种现象存在于油湿储层的水驱过程中 (Morrow and Melrose, 1991)。

渗吸曲线是从现有状态,含油饱和度逐渐减为零。这表明存在薄膜排驱现象,即油始终相互连通,直至饱和度减至残余油饱和度。反复试验过程中,渗吸曲线变得越来越竖直,对应的残余油饱和度也越来越高。这表明油在孔隙中变成了非连续相。进行完初次排驱毛细管压力测试后,可以将原油的饱和路径反转,并且记录每一次饱和度与毛细管压力的关系。这个关系称为渗吸关系。初次排驱曲线与渗吸关系会发生较大变化,图4.10展示了一个气水系统的实例 (Morrow and Melrose, 1991)。

通常,毛细管压力的数值取决于饱和度值和饱和度变化方向。对于一个强润湿相的渗吸过程,当润湿相的饱和度极高的时候,毛细管压力可能仍未达到零 (图4.10)。对于一个弱润湿相的渗吸过程,在弱润湿相饱和度较小时,毛细管压力便已达到零了 (图4.11)。图4.10和图4.11中展示了二次排驱曲线的情形。

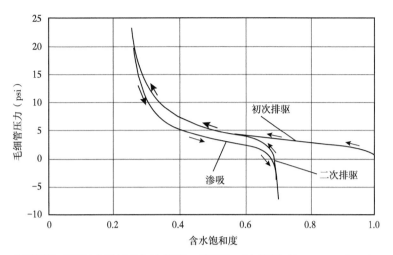

图 4.10　水湿固体表面气水系统的初次排驱、渗吸和二次排驱（Morrow amd Melrose，1991）

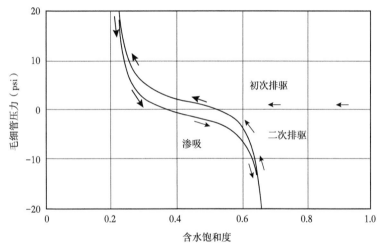

图 4.11　油水润湿性相同固体表面油水系统的初次排驱、渗吸和二次排驱（Morrow amd Melrose，1991）

4.5　测量润湿性

　　有很多方法可以评价储层的润湿性倾向。对岩心的测量包括渗吸和排驱两条曲线组成。仅用有限的实验室手段可以确定岩石对不同流体的润湿性，主要包括以下方法。

　　（1）微观观察。

　　该方法包括直接观察和润湿角测量。可以使用偏光显微镜或是扫描电镜（SEM）。测量很困难，且观测结果需要依靠运气和经验（Abeysinghe et al.，2012）。

　　（2）Amott 润湿性测量。

　　该方法主要是宏观润湿性测量。主要是测量岩心发生自然渗吸和被动渗吸的量。该方法不能得到绝对的测试结论，但在工业应用中，可以对不同的岩心样品进行比较

（Abeysinghe et al.，2012）。

  Amott 方法包括 4 个简单的测量（图 4.12）。图 4.13 展示了确定水湿指示系数 *AB/AC* 和油湿指示系数 *CD/CA*。

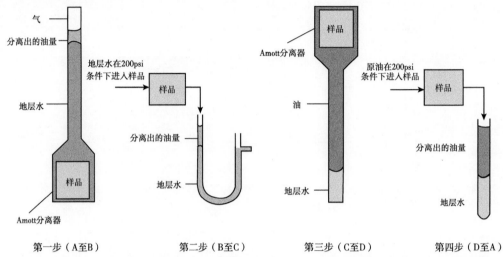

图 4.12 样品建立初始含油饱和度过程示意图（引自 Glover，研究生课程《地层评价》课堂笔记）

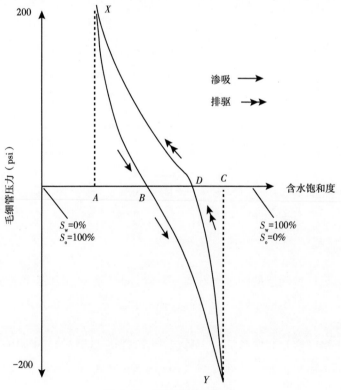

图 4.13 润湿性测试数据

其中：

①通过 *AB* 确定水的自然渗吸量；

②通过 *BC* 确定水的强制渗吸量；

③通过 *CD* 确定油的自然渗吸量；

④通过 *DA* 确定油的强制渗吸量。

自然渗吸测量需要将样品沉浸于一个装有已知体积流体的烧瓶中，使其发生渗吸作用（图 4.12 中的第一步和第三步），计算被渗吸流体驱替走的流体体积（图 4.12 中第一步中的油）。强制驱替测量是将渗吸流体注入样品，并计算驱替出的流体体积（图 4.12 中的第二步和第四步），也可使用离心法测试。

油的润湿比（*AB/AC*）或水的润湿比（*CD/CA*）就是某种流体的自然渗吸量除以总的流体量。

通常，岩心样品要先饱和水，然后使用油驱水制造 S_{wi}。最后，进行 Amott 测试。Amott-Harvey 润湿指数的计算方法如下式（4.5）：

$$润湿指数 = \frac{自然渗吸水量}{总的水渗吸量}\frac{自然渗吸油量}{总的油渗吸量}$$

$$润湿指数 = \frac{ABCD}{ACCA} \quad (4.5)$$

润湿指数通常接近 0.1，随着数值越小，逐渐从弱润湿到中等润湿，再到强润湿；数值越接近 1，倾向性越强。

（3）USBM（美国矿务局）方法

该方法主要是宏观润湿性测量。与 Amott 方法很像，但实验中需要进行强制驱替。同时，该方法也不能得到绝对的测量结果。该方法通常使用离心法，通过毛细管压力曲线中的面积 A_w 和 A_o，计算润湿指数 *W* [式（4.6）]：

$$W = \lg\frac{A_w}{A_o} \quad (4.6)$$

A_w 和 A_o 的定义参见图 4.14。

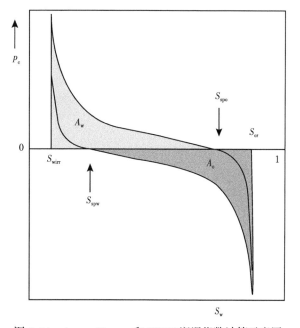

图 4.14　Amott-Harvey 和 USBM 润湿指数计算示意图

（Jules et al.，2014）

4.6　Amott 和 USBM 润湿测量方法的对比

Amott 和 USBM 方法都在石油工业中有所应用。两种方法在中性润湿情况下差异明显。通常，Amott 方法对于中性润湿情况更加准确。表 4.1 展示了两种方法的对比。

表4.1 **Amott—Harvey 和 USBM 润湿性测试方法对比**

项目	油湿	中性润湿	水湿
Amott 润湿性指数含水比	0	0	0
Amott 润湿性指数含油比	>0	0	0
Amott—Harvey 润湿性指数	−1~−0.3	−0.3~0.3	0.3~1
USBM 润湿性指数	≈−1	≈0	≈1
最小接触角	105°~120°	60°~75°	0°
最大接触角	180°	105°~120°	60°~75°

参 考 文 献

Abeysinghe K, Fjelde I, Lohne A (2012) Dependency of remaining oil saturtaion on wettability and capillary number. Paper SPE 160883 presented at the SPE Saudi Arabia Section technical Symposium and Exhibition, Al-Khobar, 8−11 April.

Geffen T, OwensW, ParrishDet al (1950) Experimental investigation of factors affecting laboratory relative permeability measurements. J Pet Technol 3 (4): 99−110. SPE−951099−G. http://dx.doi.org/10.2118/951099−G.

Glover P Chapter 7: wettability formation evaluation M. Sc. course notes, date unknown, pp 84−94.

Jacco HS, Bruno A (2008) A microscopic view on contact angle selection. Phys Fluids 20: 057101. https://doi.org/10.1063/1.2913675.

Jules R, Kristoffer B, Fred B, James JH, Jos M, Niels S (2014) Advanced core measurements "best practices" for low reservoir quality chalk.

Jung Y, Bhushan B (2008) Wetting behaviour during evaporation and condensation of water microdroplets on superhydrophobic patterned surfaces. J Microsc−Oxford 229: 127−140. https://doi.org/10.1111/j.1365−2818.2007.01875.x.

Maghzi A, Mohammadi S, Ghazanfari M, Kharrat R, Masihi M (2012) Monitoring wettability alteration by silica nanoparticles during water flooding to heavy oils in five−spot systems: a pore−level investigation. Exp Thermal Fluid Sci 40: 168−176.

MacDougall G, Ockrent C (1942) Surface energy relations in liquid/solid systems I. The adhesion of liquids to solids and a new method of determining the surface tension of liquids. Proc R Soc 180A, 151. https://doi.org/10.1098/rspa.1942.0031.

Morrow N, Melrose J (1991) Application of capillary pressure measurements to the determination of connate water saturation. In: Morrow NR (ed) Interfacial phenomena in petroleum recovery. Marcel Dekker Inc., New York City, pp 257−287.

OnyekonwuMO, Ogolo NA (2010) Investigating the use of nanoparticles in enhancing oil recovery. In: 34th annual SPE international conference and exhibition, Tinapa−Calabar, Nigeria: Society of Petroleum Engineers.

Roustaei A, Moghadasi J, Bagherzadeh H, Shahrabadi A (2012) An experimental investigation of polysilicon nanoparticles' recovery efficiencies through changes in interfacial tension and wettability alteration. SPE, Society of Petroleum Engineers, Noordwijk.

Young T (1805) An essay on the cohesion of fluids. Philos Trans R Soc Lond 95: 65−87.

第5章 饱和度和毛细管压力

5.1 饱和度

饱和度是孔隙中的流体体积与孔隙体积的比，也就是相互连通的孔隙中，被某种特定相所占据的比例。对应油气水系统，每种相的饱和度定义如下 [式 (5.1) 至式 (5.4)]:

$$S_w = \frac{V_w}{V_p} \qquad (5.1)$$

$$S_o = \frac{V_o}{V_p} \qquad (5.2)$$

$$S_w = \frac{V_g}{V_p} \qquad (5.3)$$

$$S_w + S_o + S_g = 1 \qquad (5.4)$$

式中　S_w——含水饱和度;

　　　S_o——含油饱和度;

　　　S_g——含气饱和度;

　　　V_w——水占据的体积;

　　　V_o——油占据的体积;

　　　V_g——气占据的体积;

　　　V_p——孔隙体积。

5.2 通过岩心样品确定饱和度

确定含水饱和度有两种方式。第一种是将岩石中的流体蒸发出来，第二种是使用溶剂将岩石中的流体萃取出来。具体方式如下。

（1）蒸馏方法。

这种方式将岩石置于高温环境，将岩心柱塞中的流体蒸发出来（油或水）。然后计量容器中的不同流体的饱和度。该方法存在一些不足，比如需要通过高温将所有原油蒸馏出来，温度需要达到 1100 ℉，这会导致蒸发出来的水超过自由水的量。同时，在高温条件下，岩石也容易发生破裂，因此该方法需要提前进行校正。

（2）ASTM 方法。

该方法应用溶剂将岩石中的流体萃取出来。将岩心置于甲苯、汽油或石脑油的蒸汽中，使蒸汽流过岩心样品，从而使岩心样品中的水流出样品（图 5.1）。实验持续进行，直到分级容器中没有更多的水为止。实验结束后，含水饱和度可以直接得到，含油饱和度需要间接计算得到，即称量实验前岩心的质量，减去干岩心的质量，再减去抽提出的水的质量来获得。

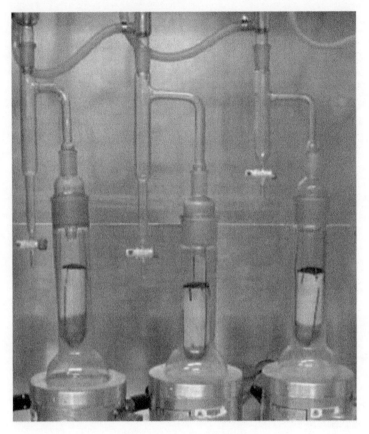

图 5.1   Dean-Sank 装置

5.3   储层饱和度随深度的变化

毛细管压力对油藏中流体饱和度随深度的变化影响很大。对于每一种相 k，油藏压力随深度的变化取决于相的密度 [式 (5.5) 至式 (5.10)]：

$$\frac{\mathrm{d}p_k}{\mathrm{d}z} = \rho_k g \tag{5.5}$$

同时，

$$p_\mathrm{o} - p_\mathrm{w} = p_\mathrm{cow} \tag{5.6}$$

$$\frac{\mathrm{d}p_\mathrm{cow}}{\mathrm{d}z} = -(\rho_\mathrm{o} - \rho_\mathrm{w}) \cdot g \tag{5.7}$$

因此，

$$\frac{\Delta p_\mathrm{cow}}{\Delta z} = -(\rho_\mathrm{o} - \rho_\mathrm{w}) \cdot g \tag{5.8}$$

式中 Δz——过渡带的宽度。

$$\Delta p_{cow} = p_{cow}\ (S_{o^-} = 1 - S_{wc}) - P_{cow}\ (S_o = 0) \tag{5.9}$$

同时，

$$p_{cow}\ (S_o = 0)\ = 0$$

从而，

$$\Delta z = -\frac{p_{cow}\ (S_{o^-} = -1 - S_{wc})}{(\rho_o - \rho_w)\cdot g} \tag{5.10}$$

对于高渗透储层，同时接触角接近 90°，毛细管压力较小时，过渡带的厚度较小。相反，低渗透储层，接触角较大，毛细管压力较大时，过渡带的厚度较大。图 5.2 展示了油藏中油水压力随深度的变化（图 5.2），以及油水毛细管压力与含水饱和度之间的关系（图 5.2）。初始条件下，储层饱和水 $S_w = 100\%$，之后，原油运移并驱替了储层中的水（图 5.2）。

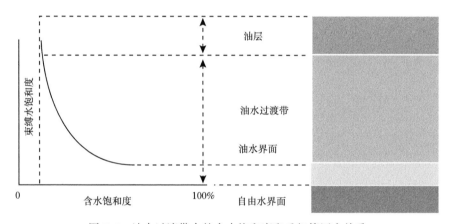

图 5.2　油水过渡带中的含水饱和度和毛细管压力关系

5.4　毛细管压力

两相非混相油藏系统中，储层中的毛细管压力受到岩石界面、流体界面张力、孔隙尺寸和形状，以及润湿系统的影响。通常，一种相是润湿相，另一种相是非润湿相。当两相流体接触时，在两相流体接触面存在压力的不连续性，其大小取决于接触面的曲度。这种压力差就是毛细管压力（p_c）。

孔隙尺寸的大小可以通过压汞曲线测得，即将汞作为非润湿相，注入含油气体（润湿相）的岩心样品中。绘制注入压力与汞饱和度之间的关系曲线（图 5.3），称为驱替曲线（图 5.3a）。当注入压力下降时，空气或水将流入岩心中，非润湿相将被驱替出去（Kolodizie，1980），此时称为渗吸曲线（图 5.3b）。

毛细管压力曲线对以下研究非常重要：

（1）计算储层的初始流体饱和度；

（2）估计岩石的封闭能力；

（3）辅助评价储层的相渗。

喉道是连接较大孔隙之间的通道，其就像是孔隙之间的大门（Swanson，1981）。

毛细管压力、孔隙尺寸、界面张力，以及接触角之间的关系如式（5.11）和图5.4、图5.5所示。图5.4展示了水湿储层系统中的三相平衡关系。界面的曲率取决于孔隙的体积、颗粒的尺寸、流体的饱和度，以及界面张力。接触角的大小取决于两相流体相对于岩石的润湿特征。

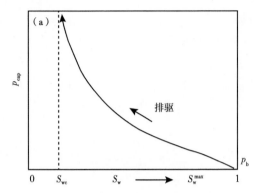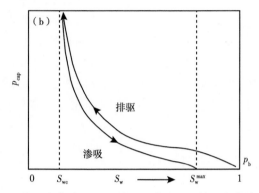

图5.3　毛细管压力和含水饱和度的关系。(a) 排驱毛细管压力曲线；(b) 排驱和渗吸毛细管压力曲线

$$p_c = \frac{2\sigma\,\cos\theta}{r}A \qquad (5.11)$$

式中　p_c——毛细管压力，psi；

　　　σ——界面张力，10^{-5}N/cm；

　　　θ——接触角，(°)；

　　　r——喉道半径（μm）；

　　　A——145×10^{-3}（单位转换至 psi 对应的系数）。

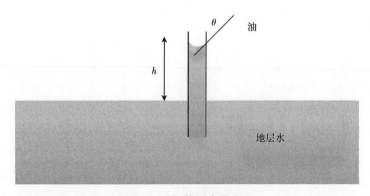

图5.4　毛细管压力的定义

按照定义，润湿相流体压力为p_w，非润湿相流体压力为p_{nw}，那么，毛细管压力 = 非润湿相压力-润湿相压力。毛细管压力可以定为式（5.12）：

$$p_c = (\rho_{nw}-\rho_w)gh = \frac{2\sigma\cos\theta}{r}A \qquad (5.12)$$

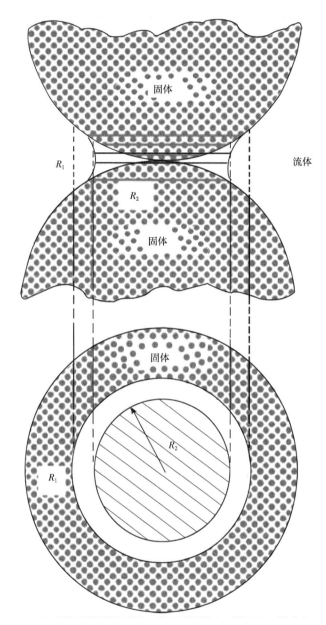

图 5.5　三相平衡系统中界面曲率半径示意图

式中　ρ_{nw}——非润湿相流体密度，lb/ft^3；

　　　ρ_w——润湿相流体密度，lb/ft^3；

　　　g——重力加速度，ft/s^2；

　　　h——流体受毛细管压力提升的高度，ft。

　　将实验室测得的汞或空气或原油/水的毛细管压力转变为油藏条件下的气/油/水的毛细管压力的典型特征值列于表 5.1 中。

表 5.1　不同类型流体在储层和实验室条件下的毛细管压力属性

系统	接触面 θ	界面张力 σ		σ · cosθ	
		10^{-5} N/cm	Pa/m	10^{-5} N/cm	Pa/m
实验室条件					
气—水	0	72	0.072	72	0.072
油—水	30	48	0.048	42	0.042
气—汞	40	480	0.480	367	0.367
气—油	0	24	0.024	24	0.024
油藏条件					
水—油	30	30	0.030	26	0.026
水—气	0	50	0.050	50	0.050

图 5.6 展示了某些砂岩储层孔隙度相近,但渗透率不同。

岩心 A:ϕ=0.216,K=430mD。

岩心 B:ϕ=0.220,K=116mD。

岩心 C:ϕ=0.196,K=13.4mD。

岩心 D:ϕ=0.197,K=1.2mD。

图 5.6 展示了孔隙半径对渗透率和毛细管压力的影响。当孔喉半径较大时,渗透率较大,同时毛细管压力较小。相反,当孔喉半径较小时,渗透率较低,但毛细管压力较高。通过毛细管压力曲线可以得到如下信息:

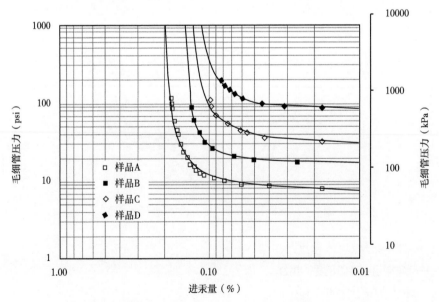

图 5.6　砂岩储层的毛细管压力曲线(Archie,1950;Jorden and Campbell,1984)

(1)确定储层中流体饱和度的分布特征,其与孔隙尺寸的分布和流体的润湿机理相关;

(2)表征流体分布随压力的变化;

（3）通过驱替压力确定储层中的最大孔隙半径，这控制了渗透率的大小；

（4）得到束缚水饱和度和残余油饱和度；

（5）更好地了解储层孔隙尺度分布特征。

通常，毛细管压力是远离自由水界面（FWL）高度的函数。因此，当已知毛细管压力和自由水界面位置时，就可以很容易地确定任意深度处的含水饱和度（图5.7）。如果某一口井通过测井估计的含水饱和度与岩心得到的含水饱和度一致，那么就可以应用测井曲线，对没有岩心的井的含水饱和度进行估计。

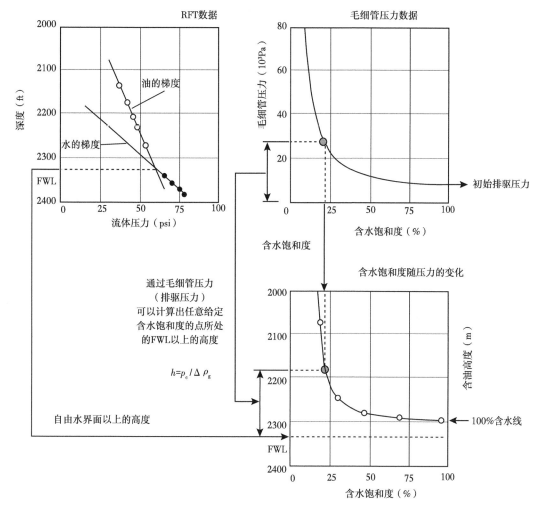

图 5.7 确定储层中的含水饱和度方法示意图

5.5 实验室测量毛细管压力

实验室中，主要有3种测试毛细管压力的方法：

1. 压汞法；

2. 半渗透隔板法；

3. 离心法。

通常，这些方法都通过油藏中的岩心样品实验获得。很多因素会影响或改变岩性样品的原始状态，比如钻井、取心流体、取心方法、岩心处理过程、岩心运输、包装、实验处理等。因此，需要注意尽量保持岩心的原始状态。如果因为上述因素改变了岩心的原始状态，那么就需要在进行毛细管压力实验之前，将岩心恢复到原始状态。

（1）压汞法。

通常，该方法需要清洁和干燥岩心样品。压汞的过程如下：

①将岩心置于岩心仓内，将样品浸泡在汞柱的环境中，使用压汞装置驱替岩心样品（图5.8）；

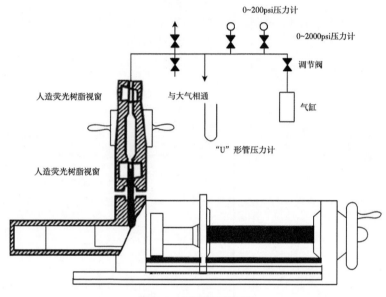

图 5.8　压汞测试装置

②向岩样中注入汞；

③在每个特定的压力下，汞会进入样品孔隙中，计算进汞量；

④从 S_{wi} 到 p_c 逐步降低样品压力，并记录压降和退汞量数据；

⑤连续记录压力和对应的汞饱和度。

通常，需要使用合适的润湿角和界面张力数据将压汞数据转化为油—水系统或气—水系统。如式（5.13）至式（5.16）所示：

$$p_c（气—水）= p_c（空气—汞）\frac{72\cos0°}{480\cos130°} \tag{5.13}$$

$$p_c = 0.233 p_c（空气—汞） \tag{5.14}$$

$$p_c（油—水）= p_c（空气—汞）\frac{25\cos0°}{480\cos130°} \tag{5.15}$$

$$p_c = 0.070 p_c（空气—汞） \tag{5.16}$$

用进汞的体积除以孔隙体积，就可以得到非润湿相的饱和度了。实验中，毛细管压力就是注入压力。该方法实验速度快，没有压力的限制。但只适用于形状规则的样品。

（2）半渗隔板法。

半渗隔板法将岩心样品完全饱和润湿相流体。实验过程如下：

①使用流体将岩心样品和半渗透隔板饱和；

②将岩心置于半渗隔板之上（图5.9）；

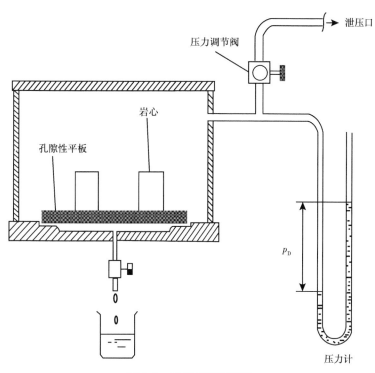

图5.9　半渗透隔板装置

③设置不同的压力（如1，2，4，8，16，32，64psi），然后等待压力平衡，最后，可以绘制如图5.10所示的饱和度与毛细管压力关系的曲线，为了达到平衡，可能需要花费10~40d的时间。

毛细管压力=液柱高度+设置的压力。

$$饱和度 = \frac{孔隙体积 - 排出的液体体积}{孔隙体积} \qquad (5.17)$$

（3）离心法。

该方法将岩心100%饱和润湿相流体。离心过程如下所示：

①岩心置于岩心夹持器中（图5.11），并按照固定转速旋转，旋转形成的离心力导致润湿相流体被驱替，旋转的速度可以通过频闪仪测量，同时，记录岩心样品中的饱和度，在旋转速度较低时，离心力只能驱替较大孔隙中的水，在旋转速度较高时，离心力就可以驱替小孔隙中的水；

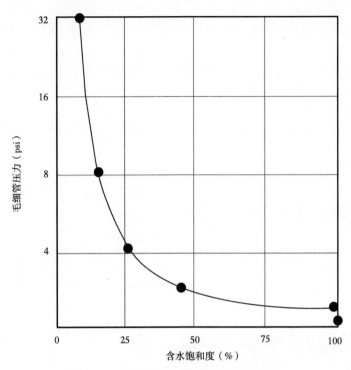

图 5.10 使用半渗透隔板测试毛细管压力

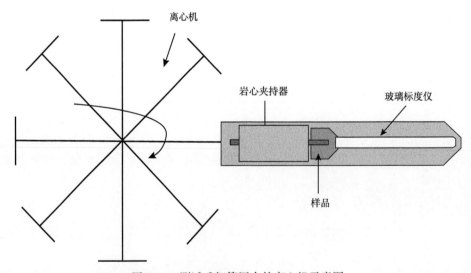

图 5.11 测试毛细管压力的离心机示意图

②通过计算，就可以将旋转运动转化为毛细管压力；

③重复多个旋转速度，并绘制毛细管压力与饱和度的关系曲线（图 5.12）。

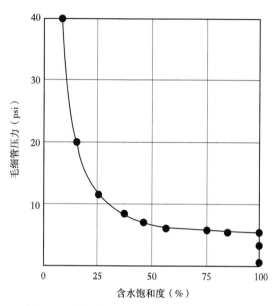

图 5.12　使用离心机测试的毛细管压力结果

5.6　毛细管压力的滞后效应

对毛细管压力和相渗进行校正，对评估油气的采收率非常重要。除了电阻率参数对评估流体的分布非常重要以外，驱替和渗吸过程导致的滞后效应也非常重要。含水饱和度的增加和减少过程的不同，决定了孔隙系统中气水界面的平衡条件不同。

5.7　毛细管压力数据的平均方法：Leverett *J* 函数

通常，毛细管压力是在小岩心样品上测得的，只能代表储层中很小的一部分情形。因此，需要应用所有的测试结果共同来表征油藏特征。

一般情况下，不同的储层特征会具有不同的毛细管压力曲线（图 5.13）。因此，Leverett（1941）提出了描述所有类似曲线的方法。首先，Leverett 将所有的毛细管压力曲线合并为一条曲线，但当岩石类型不同时，毛细管压力曲线会发生较大变化，因此无法使用一根曲线代表所有样品。

Leverett 发现，毛细管压力曲线受孔隙度、渗透率、界面张力、孔隙半径的影响。Leverett 将其推导的无量纲方程称为 "*J* 函数"，这是个关于饱和度的方程 [式（5.18）]。事实上，可以通过 *J* 函数对具有不同渗透率、孔隙度，以及润湿性特征的岩石类型，推导其毛细管压力数据。

$$J\left(S_{\mathrm{w}}\right) = C \frac{p_{\mathrm{c}}}{\sigma}\sqrt{\frac{K}{\phi}} \tag{5.18}$$

式中　*C*——常数。

对于相同的岩石类型，该无量纲方程可以消除大多数情况下 P_{c} 与 S_{w} 曲线的差异，将

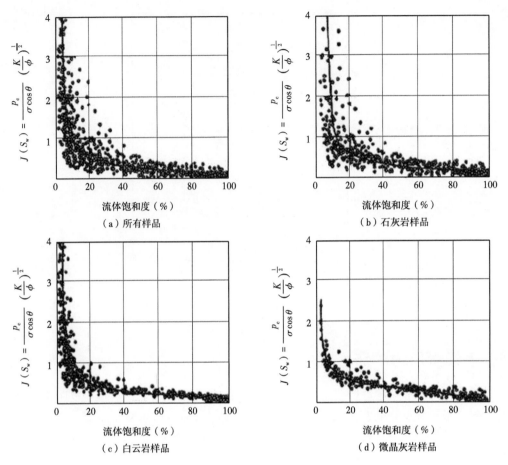

图 5.13 J 函数曲线实例 (Amyx et al., 1960)

其转化为一条统一的曲线。

有些学者将式 (5.19) 转化为 $\cos\theta$ 的表达方式:

$$J\ (S_{\mathrm{w}})\ =\frac{p_{\mathrm{c}}}{\sigma\cos\theta}\sqrt{\frac{K}{\phi}} \tag{5.19}$$

J 函数表达式不是固定的, 但可用于对岩石进行分类, 同一类型岩石具有统一的 J 函数形式。

例 5.1

拟合压汞数据与孔隙分布数据。

(1) 确定毛细管压力比

$$p_{\mathrm{cAH_g}}\big/p_{\mathrm{cAw}}$$

使用下列数据:

$$\sigma_{\mathrm{AH_g}}=480\times10^{-5}\mathrm{N/cm}$$

$\sigma_{AW} = 72 \times 10^{-5} \text{N/cm}$

$\theta_{AH_g} = 140°$

$\theta_{AW} = 0°$

（2）孔隙形状非常复杂，界面的曲率和孔隙半径不只取决于接触角。应用下式确定毛细管压力比

$$\frac{p_{cAH_g}}{p_{cAw}} = \frac{\sigma_{AH_g}}{\sigma_{AW}}$$

解：

（1）

$$\frac{p_{cAH_g}}{p_{cAw}} = \frac{\sigma_{AH_g}\cos\theta_{AH_g}}{\sigma_{Aw}\cos\theta_{Aw}} = \frac{480\cos140°}{72\cos0°}$$

$$\frac{p_{cAH_g}}{p_{cAw}} = 5.1$$

（2）

$$\frac{p_{cAH_g}}{p_{cAw}} = \frac{\sigma_{AH_g}}{\sigma_{AW}} = 480/72$$

$$\frac{p_{cAH_g}}{p_{cAw}} = 6.9$$

例 5.2

将实验室数据转化为油藏条件的数据。涉及的油藏和实验室毛细管压力特征值如下。

实验室数据：

$$\sigma_{AW} = 72 \times 10^{-5} \text{N/m}$$
$$\theta_{AW} = 0°$$

油藏数据：

$$\sigma_{oW} = 24 \times 10^{-5} \text{N/m}$$
$$\theta_{oW} = 20°$$

解：

$$p_{cR} = \frac{(\cos\theta)_R}{(\cos\theta)_L} \cdot p_{cL}$$

$$p_{cR} = \frac{24(\cos20)_R}{72(\cos0)_L} \cdot p_{cL}$$

$$p_{cR} = 0.333p_{cL}$$

例 5.3

使用下列实验室测量的毛细管压力数据确定含水饱和度。其中，$p_{cR} = 0.333p_{cL}$，假设该点距自由水界面的高度为 40ft。$\rho_o = 0.85\text{g/cm}^3$，$\rho_w = 1.0\text{g/cm}^3$。

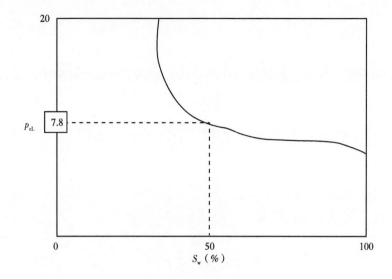

解:

$$p_{cR} = \frac{(p_w - p_o)}{144} \cdot h$$

$$p_{cR} = \frac{(1 - 0.85) \times 62.5 \times 40}{144}$$

$$p_{cR} = 2.6 \text{psi}$$

$$p_{cR} = 0.333 p_{cL}$$

$$p_{cL} = \frac{p_{cR}}{0.333}$$

$$p_{cL} = \frac{2.6}{0.333} = 7.8 \text{psi}$$

从已知毛细管压力曲线图中可知，毛细管压力 $p_{cL} = 7.8$ psi 对应的含水饱和度 $S_w = 50\%$。

例5.4

(1) 一根毛细管置于一杯水之上。气水界面张力为 72×10^{-5} N/cm，接触角为 $0°$。

①如果毛细管的半径为 0.01cm，确定水在毛细管中受毛细管压力作用的提升高度；

②确定气水界面上下的压力差。

(2) 空气中，一个饱和水的瓷板的驱替压力为 55psi。如果气水界面张力为 72×10^{-5} N/cm，接触角为 $0°$，那么瓷板的最大间距是多少？

解:

(1) $\sigma_{AW} = 72 \times 10^{-5}$ N/m

$\rho_w = 1$ g/cm^3

$g = 980 \times 10^{-5}$ N/g

$\theta = 0°$

①如果毛细管的直径为 0.01cm，那么水在毛细管中受毛细管压力作用的提升高度为:

$$h = 2\sigma_{AW}\cos\theta/r\rho g$$

$$h = \frac{2\times72\times\cos0}{0.01\times1\times980} = 14.69\text{cm}$$

②气水界面上下的压力差为：

$$p_c = p_a - p_w = r_w gh = 1.0\times980\times14.69$$

$$p_c = 0.0142\text{atm}\times14.696\frac{\text{psi}}{\text{atm}}$$

$$p_c = 0.209\text{psi}$$

（2）

$$p_c = 2\sigma_{AW}\cos\theta/r$$

$$p_c = 55\text{psi}$$

$$p_c = 55\text{psi}\times\left(\frac{\text{atm}}{14.696\text{psi}}\right)\times\left(\frac{1.0133\times10^6\times10^{-5}\text{N/cm}^2}{\text{atm}}\right)$$

$$p_c = 3.792\times10^6\text{psi}$$

$$r = 2\sigma_{AW}\cos\theta/p_c$$

$$r = \frac{2\times72\times\cos0}{3.792\times10^6} = 3.797\times10^{-5}\text{cm}\times\left(\frac{\text{in}}{2.54\text{cm}}\right)$$

$$r = 1.495\times10^{-5}\text{in}$$

$$d = 2.99\times10^{-5}\text{in}$$

参 考 文 献

Amyx J, Bass D, Whiting R (1960) Petroleum reservoir engineering physical properties. McGraw-Hill, New York. ISBN: 9780070016002, 0070016003.

Archie GE (1950) Introduction to petrophysics of reservoir rocks. AAPG Bull 34: 943 - 961.

Darling T (2005) Well logging and formation evaluation. Gulf Professional Publishing/Elsevier Inc.

de Lima OAL (1995) Water saturation and permeability from resistivity, dielectric, and porosity logs. Geophysics 60: 1756-1764.

Hartmann D, Beaumont E (1999) Predicting reservoir system quality and performance. In: Beaumont EA, Forster NH (eds) AAPG treatise of petroleum geology, exploration for oil and gas traps, Chap. 9 (9-1 to 9-154).

Jorden J, Campbell F (1984) Well logging I—rock properties, borehole environment, mud and temperature logging. Henry L. Doherty Memorial Fund of AIME, SPE: New York, Dallas.

Kolodizie Jr (1980) Analysis of pore throat size and use of the Waxman-Smits equation to determine OOIP in Spindle Field, Colorado. SPE paper 9382 presented at the 1980 SPE annual technical conference and exhibition, Dallas, Texas.

Leverett MC (1941) Capillary behavior in porous solids. Pet Trans AIME 27 (3): 152-169.

Swanson BJ (1981) A simple correlation between permeability and mercury capillary pressures. J Pet Technol 2488-2504.

第6章 相对渗透率

参考渗透性介质中的流体流动。在油藏中，孔隙介质中通常不会只存在一种流体。气或油通常会与水在孔隙介质中共存，更普遍的情况是，油气水三种介质在孔隙中共存。

储层中通常为多相流，即当一种流体发生流动时，通常还有另一种流体在孔隙中共存。因此，需要改进流动状态的描述方程，需要对对多相流流动状态进行定量。描述储层中多相流状态的方法是使用相对渗透率的概念，相对渗透率是某一种流体的有效渗透率与绝对渗透率的比值［式（6.1）至式（6.3）］。相对渗透率是用来描述孔隙介质中两相或多相流体同时运动的参数。其中的基本假设是每种相的流体在孔隙介质中连续流动，且流动方向一致（John and Black，1983）。有效渗透率是渗透性介质中，某一种相在其他相存在时的相对定量的传导性的表征量。

$$K_{ro} = \frac{K_o}{K} = \frac{\text{有效油相渗透率}}{\text{绝对渗透率}} \tag{6.1}$$

$$K_{rw} = \frac{K_w}{K} = \frac{\text{有效水相渗透率}}{\text{绝对渗透率}} \tag{6.2}$$

$$K_{rg} = \frac{K_g}{K} = \frac{\text{有效气相渗透率}}{\text{绝对渗透率}} \tag{6.3}$$

式中　K_{ro}——油相的相对渗透率；

　　　K_{rg}——气相的相对渗透率；

　　　K_{rw}——水相的相对渗透率。

需要注意的是，水湿系统中的毛细管压力是水进入孔隙中的动力，而油湿系统中，毛细管压力是水在孔隙中流动的阻力（Qingjie et al.，2010）。由于毛细管压力的作用，润湿相滞留在小孔隙中，这部分小孔隙中的流体不能流动。相反，非润湿相流体占据了相对大孔隙的中间位置，这部分孔隙中的流体可以流动，因此，对于非润湿相流体，当其饱和度由初始饱和度开始稍有减小时，其相对渗透率会剧烈下降。

通常，润湿相流体的相对渗透率在其饱和度较高时就变为 0 了，这是由于润湿相流体占据了较小的孔隙，其中的毛细管压力较大。此时的含水饱和度为束缚水饱和度 S_{wi}（图6.1）。固结砂岩中的含水饱和度通常比非固结砂岩高。另一个重要的概念是残余饱和度。当一种流体驱替另一种流体时，很难将其驱替至零。当饱和度很小时，被驱替相变得不再连续，其流动也对应终止了。这个饱和度称为残余饱和度。这个概念很重要，常用于估计油藏的采收率。另一方面，流体只有达到一定的饱和度时才能流动。临界饱和度表示流体开始流动时的饱和度。设想一下，对于一种流体，残余饱和度与临界饱和度是相同的。临界饱和度是在流体饱和度上升时确定的，但残余饱和度是在饱和度下降时确定的。因此，这两个饱和度的饱和历史是不同的（Tarek，2010）。

图 6.1 是典型的水湿系统的油水相渗曲线。曲线显示，非润湿相在饱和度较低的时候

开始流动。此时的含油饱和度称为临界含油饱和度。某些学者也将其称为平衡饱和度，表示非润湿相开始流动的饱和度。临界饱和度通常在 0~15% 之间。图 6.1 还显示出，油相的饱和度低于 100% 时，相对渗透率就已达到 100%，这主要是受到毛细管压力的影响。毛细管压力使润湿相封闭在小孔隙中，形成流动阻力。

图 6.1 是常见的相渗曲线，从该图中还可以判断系统的润湿性。同时，可以看出，在两相区 K_{rw} 与 K_{ro} 的和小于 1。

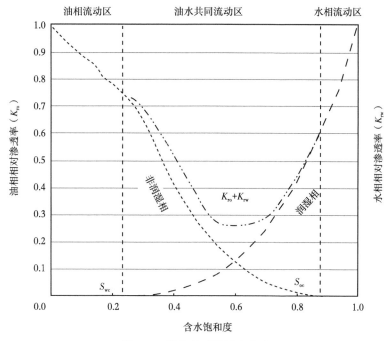

图 6.1   常见相对渗透率曲线

6.1   Corey 关系

Corey 模型被广泛应用于通过毛细管压力数据估算相对渗透率。1954 年，Corey 综合毛细管束模型与其经验关系式，推导了油气相渗的表达式（Corey，1954）。Corey 扩展了 Burdine 推导的有效渗透率的一般表达式［式（6.4）至式（6.7）］。

$$K_{rW} = (S_w^*)^{\frac{2+3\lambda}{\lambda}} \tag{6.4}$$

$$K_{rn} = K_r^o \left[(S_m - S_w)/(S_m - S_{iw}) \right]^2 \left[1 - (S_w^*)^{\frac{2+3\lambda}{\lambda}} \right] \tag{6.5}$$

$$S_w^* = (S_w - S_m)/(1 - S_{iw}) \tag{6.6}$$

$$K_r^o = 1.31 - 2.6 S_{iw} + 1.1 (S_{iw})^2 \tag{6.7}$$

式中 K_{rn}——非润湿相的相对渗透率；

K_{rw}——润湿相的相对渗透率；

K_{ro}——非润湿相在润湿相处于束缚饱和度时的相对渗透率；

K_r^o——油相相对渗透率；

S_w^*——归一化的润湿相饱和度；

S_w——含水饱和度；

S_m——$1-S_{or}$（1-残余非润湿相饱和度）；

S_{iw}——原始含水饱和度；

λ——孔隙尺度分布指数。

非润湿相方程式（6.5）展示了 Burdine 解与 Corey 模型的主要不同。增加了 K_{ro} 项，用来考虑非润湿相需要处于束缚润湿相饱和度的情形。临界饱和度 S_m 由 Corey 提出，用来调整非润湿相处于初始饱和度时的流动状态。因此，当非润湿相曲线处于初始值时，所有的润湿相流体都不连续。在临界饱和度时，少量的润湿相流体处于连续状态，可以流动，因此可以对第一个相对渗透率进行预测。S_m 表示润湿相流体开始流动时的饱和度，是估计实际相渗曲线时的必要参数。

6.2 评估孔喉分布指数

式（6.4）和式（6.5）中的孔隙尺寸分布指数在估计相渗时非常重要。如果 λ 为 2，那么表示孔隙尺寸的分布不同。如果 λ 很大，则表示孔隙尺寸的分布更加均一。如果式（6.4）和式（6.5）中的 $\lambda=2$，那么方程变为 Corey 方程。通常，在没有更多信息时，取 $\lambda=2$。如果 $\lambda=2.4$，那就得到了 Wyllie 方程，对应三种岩石分类（Standing，1974）。

$\lambda=2$，鲕粒，胶结砂岩，小溶孔灰岩；

$\lambda=4$，分选较差的未胶结砂岩；

$\lambda=\infty$，分选较好的未胶结砂岩。

如果有关于储层的信息，可使用 Wyllie 方程。Corey 方程和 Wyllie 方程可用于简单的评估，如果要得到更好的孔隙尺寸分布指数，需要结合毛细管压力数据。Brooks and Corey（1964，1966）提出了毛细管压力与归一化饱和度的关系方程式（6.8）：

$$\lg p_c = \lg p_e - \frac{1}{\lambda}\lg S_w^* \tag{6.8}$$

式中　p_c——毛细管压力；

p_e——最小阈压；

S_w^*——归一化含水饱和度。

在双对数图版中，含水饱和度与毛细管压力表现为直线关系，直线的斜率为 $1/\lambda$，截距为 p_e。

6.3 相渗的实验室测量方法

确定相对渗透率的方法包括 5 种：

（1）稳态流法（实验室测试）；

（2）非稳态流动测试（实验室测试）；

（3）使用毛细管压力数据；

（4）使用现场动态数据；

（5）理论和经验校正。

实验室测量的相渗数据是直接测量得到的，没有估计的过程，对油藏工程计算更为可靠。

一般认为稳态法是最精确的方法，但同时，也是最耗费时间和经费的方法，实验过程中需同时注入油和水，直到出口端流量与注入端流量相等（Jerry，2007）。非稳态法不及稳态法准确，但实验速度快，实验过程中先饱和油，之后注入水（图6.2）。第三种方法速度快、价格低，通过束缚水和残余油饱和度确定有效渗透率，也被称为端点方法。

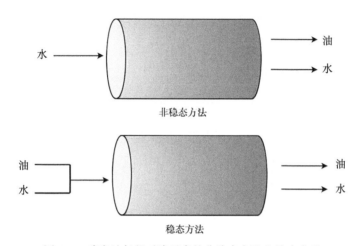

图 6.2 确定油气相对渗透率的非稳态方法和稳态方法

实验室确定相渗的难点在于需要将岩心恢复至油藏条件。孔隙表面，尤其是碳酸盐岩储层，会与流体发生反应，这种反应会改变储层润湿状态。需要采用复杂的方法来保持岩石的初始润湿性，而相渗曲线的精确度都要取决于这些技术的应用方式。

通常，将岩心置于圆柱形夹持器上（图6.3）。岩心的各个界面都要封闭起来，防止流动。给岩心加橡胶套，并增加围压。在岩心的两端注入和流出流体。在端口处计量压力，

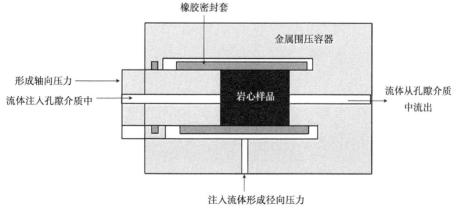

图 6.3 经典相渗曲线测试装置

同时记录其他信息：

(1) 注入和收集流体；

(2) 确定压力；

(3) 制造围压；

(4) 确定饱和度。

设备结构如图 6.4 所示，可通过下列设备计量流体饱和度：

(1) 岩心样品质量的变化；

(2) 电导率的变化；

(3) X 射线吸收能力的变化。

还可以使用声波测试（Islam and Berntsen，1986）和 CT 扫描技术（MacAllister et al.，1993；DiCarlo et al.，2000）。为了确定质量的变化，需要将岩心样品快速释放并称重，再返回到装置上。该过程可能会影响岩心饱和度的变化。

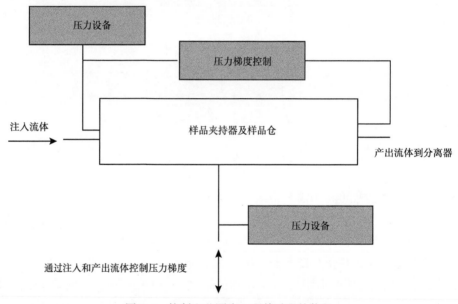

图 6.4　控制和监测岩心驱替过程的装置

6.4　相渗的稳态法测量

相渗的稳态法测量方式包括一系列与时间无关的压降和流体饱和度测量。在每个实验中，流体都以固定的速度注入（Richard and Susan，1995）。实验过程中，压力和饱和度在实验初期发生变化，但只在其达到稳定后再进行记录。记录完稳定状态的数值后，再改变流动状态，并直到其达到下一个稳定阶段，记录对应的压降和饱和度信息，因此，稳态方法需要一系列的离散、稳定流条件。

测试的每一步都需花费一天甚至一周时间，这与岩心样品的渗透率和孔隙度相关，同时也与压降和饱和度所对应的稳态状态的精度有关。在稳态方法中，根据减小毛细管压力端点影响的方式，还可分为 4 类：

（1）岩心拼接方法；

（2）高速方法；

（3）固定液方法；

（4）均一毛细管压力方法。

在不同的文章中，对上述 4 类方法的命名不同，但上述命名就概括了这 4 种方法所采用的对应方式。

6.5　相渗的非稳态法测量

非稳态法采用一次实验，将流体注入岩石样品，然后记录瞬时的压降和流体饱和度信息。该方法花费的时间较稳态法短得多，对于渗透率为 1mD 的岩样，通常只要一个小时，甚至更短。

文献中介绍非稳态法的比稳态法多得多。包括注入流体按照固定速度注入，或是固定压力注入，抑或是脉冲方式注入等。在离心实验中，流体流出岩心的速度按照指数式递减，而在其他方式的实验中，还会使用不同的压力注入流体和排出流体，然后逐步缩小注入流体和排出流体压力之间的差异，直至达到平衡状态，这个平衡主要受毛细管压力影响。

需要注意的是，使用大部分的非稳态方式时，都要分别确定相渗和毛细管压力特征。非稳态方法可进一步分为 4 种类型（Richard and Susan, 1995）：

（1）高速流方法；

（2）低速流方法；

（3）离心方法；

（4）固定液方法。

6.6　相渗、毛细管压力，以及分相流量的关系

在储层中，束缚水饱和度与临界含水饱和度常常很接近。但在低渗透储层中，二者可能存在较大差异。在油气储层中，在较大的含水饱和度范围内，水和气可以同时流动（图 6.5）。在低渗透储层中，在大部分的含水饱和度范围内，水和气无法同时流动。在极端低渗透储层中，即便含水饱和度很高，也可能几乎没有可动水。

图 6.6 中展示了毛细管压力、相渗、分相流、流体分布概念模式，以及初始产量特征之间的对应关系。相渗曲线图中，绿色线表示油的相渗，蓝色线表示水的相渗，红色线表示分相流曲线。毛细管压力图用红色曲线表示。

当含水饱和度低于或等于临界含水饱和度时，水的相渗为零（没有可动水），只产出纯油。随之含水饱和度上升，油的相渗逐渐下降，并在残余油饱和度时降为零。此时，只产出水。在储层中，这对应于油水界面的位置。当含水饱和度高于 S_{wc} 并低于 $1-S_{or}$ 时，油水同时产出，这对应于油水过渡带。油水的分相流曲线特征不只取决于孔隙介质的性质，还与流体的性质相关（Francisco, 2017）。黏度是影响流动的主要流体属性。当气和油具有相同的相渗时，由于黏度的差异，气会比油更容易流动。

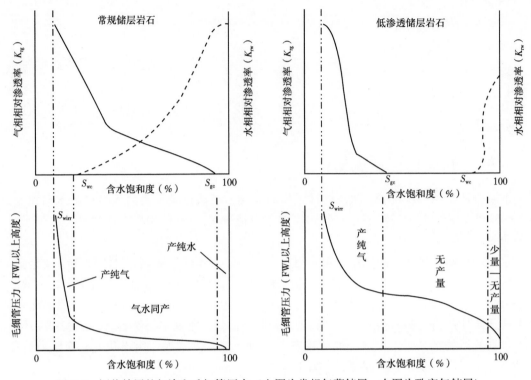

图 6.5　评价储层的相渗和毛细管压力（左图为常规气藏储层，右图为致密气储层）

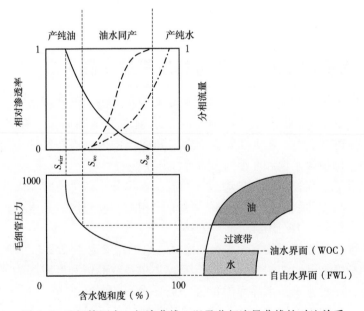

图 6.6　毛细管压力、相渗曲线，以及分相流量曲线的对比关系

例 6.1

在 70 °F 条件下，使用稳态流方法获得了如下数据。

（1）计算岩心样品 100% 含水时的绝对渗透率；

（2）计算油水的有效渗透率；

（3）计算相对渗透率；

（4）计算含水饱和度；

（5）绘制相渗曲线。

岩心	测量值	流体	测量值
砂岩		地层水矿化度	60000mg/L
长度	2.3cm	油相 API 度	40° API
直径	1.85cm	水相黏度 μ_w	1.07mPa·s
面积	2.688cm²	油相黏度 μ_o	5.50mPa·s
孔隙度	25.5%		

产油量（cm³/s）	产水量（cm³/s）	入口压力（psi）	出口压力（psi）	电压（V）	电流（A）
0	1.1003	38.4	7.70	1.20	0.01
0.0105	0.8898	67.5	13.5	2.10	0.01
0.0354	0.7650	88.1	17.6	2.80	0.01
0.0794	0.3206	78.2	15.6	4.56	0.01
0.1771	0.1227	85.6	17.1	8.67	0.01
0.2998	0	78.4	15.7	30.00	0.01

解：

（1）$K = \dfrac{q_w \mu_w L}{A \Delta p}$

$\quad K = \dfrac{1.1003 \times 1.07 \times 2.30}{2.688 \times 38.4 - 7.7 \times 14.696}$

$\quad K = 0.482\text{D}$

（2）$K_o = \dfrac{q_o \mu_o L}{A \Delta p}$

$\quad K_o = \dfrac{0.0105 \times 5.50 \times 2.30}{2.688 \times 67.5 - 13.5 \times 14.696}$

$\quad K_o = 0.0134\text{D}$

$\quad K_w = \dfrac{q_w \mu_w L}{A \Delta p}$

$\quad K_w = \dfrac{0.8898 \times 1.07 \times 2.30}{2.688 \times 67.5 - 13.5 \times 14.696}$

$\quad K_w = 0.2217\text{D}$

（3）$K_{ro}=\dfrac{K_o}{K}=0.028$

$K_{rw}=\dfrac{K_w}{K}=0.460$

（4）$E_o=1.2V$（岩心断面100%饱和润湿相）

$E_t=2.1V$（岩心断面润湿相饱和度小于100%）

$S_w=\left(\dfrac{E_o}{E_t}\right)^{1/2}$

$S_w=\left(\dfrac{1.20}{2.10}\right)^{\frac{1}{2}}=0.756$

含水饱和度 S_w	油相相渗 K_{ro}	水相相渗 K_{rw}	K_{ro}/K_{rw}
1.000	0	1.000	0
0.756	0.028	0.460	0.061
0.655	0.072	0.303	0.238
0.513	0.182	0.143	1.273
0.372	0.371	0.050	7.419
0.200	0.686	0	—

（5）

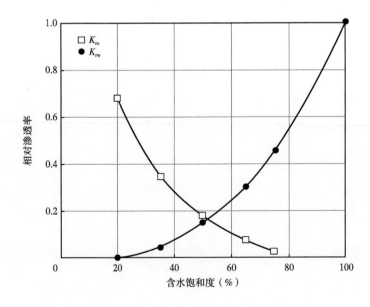

例 6.2

一个水湿储层的残余气饱和度为 0.05，束缚水饱和度为 0.16，根据下列毛细管压力数据确定其相渗：

p_c (S_w)	S_w	p_c (S_w)	S_w
0.5	0.965	8.0	0.266
1.0	0.713	16.0	0.219
2.0	0.483	32.0	0.191
4.0	0.347	300.0	0.160

（1）计算归一化的含水饱和度；

（2）绘制 $\lg p_c$ 和 $\lg S_w^*$ 交会图，确定 λ；

（3）计算润湿相处于初始饱和度时，非润湿相的相渗；

（4）计算不同含水饱和度下的相渗值。

解：

第一步：

使用式（6.8）估计归一化的含水饱和度。

p_c (S_w)	S_w	S_w^*	p_c (S_w)	S_w	S_w^*
0.5	0.965	0.958	8.0	0.266	0.126
1.0	0.713	0.658	16.0	0.219	0.070
2.0	0.483	0.385	32.0	0.191	0.037
4.0	0.347	0.223	300.0	0.160	0

第二步：

绘制 $\lg p_c$ 和 $\lg S_w^*$ 交会图，确定 λ。

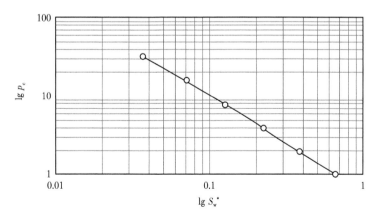

回顾式（6.8），斜率为 $-1/\lambda = -1.25$，因此，$\lambda = 0.8$。

第三步：

计算润湿相处于初始饱和度时，非润湿相的相渗。

回顾式（6.7），$K_{ro} = 0.919$，$S_m = 0.95 = 1 - S_{rg}$。

第四步：

确定相对渗透率，回顾式（6.4）和式（6.5），确定不同含水饱和度下的各个相的相渗。

S_g	S_w	S_w^*	K_{rg}	K_{rw}
0.050	0.950	0.940	0	0.715
0.080	0.920	0.905	0	0.578
0.110	0.890	0.869	0.002	0.464
0.140	0.860	0.833	0.006	0.369
0.170	0.830	0.798	0.012	0.290
0.230	0.800	0.762	0.020	0.226
0.260	0.740	0.690	0.047	0.132
0.290	0.710	0.655	0.065	0.099
0.320	0.680	0.619	0.087	0.073
0.350	0.650	0.583	0.112	0.052
0.380	0.620	0.548	0.141	0.037
0.410	0.590	0.512	0.172	0.026
0.440	0.560	0.476	0.207	0.017
0.470	0.530	0.440	0.245	0.011
0.500	0.500	0.406	0.285	0.007
0.530	0.470	0.369	0.329	0.004
0.560	0.440	0.333	0.375	0.002
0.590	0.410	0.298	0.423	0.001
0.620	0.380	0.262	0.474	0.001
0.650	0.350	0.226	0.527	0
0.680	0.320	0.190	0.583	0
0.710	0.290	0.155	0.640	0
0.740	0.260	0.119	0.701	0
0.770	0.230	0.083	0.763	0
0.800	0.200	0.048	0.828	0
0.830	0.170	0.012	0.896	0

绘制相渗曲线。

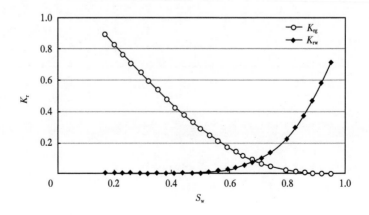

参 考 文 献

Brooks RH, Corey AT (1964) Hydraulic properties of porous media. Hydrology Paper 3, Colorado State University, Fort Collins, pp 27.

Brooks RH, Corey AT (1966) Properties of porous media affecting fluid flow. Proc Am Soc Civ Eng 92 [IR2]: 61-87.

BurdineNT (1953) Relative permeability calculations from pore size distribution data. J Pet Technol 5 (3): 71-78. https://doi.org/10.2118/225-G.

Corey AT (1954) The interrelation between gas and oil relative permeabilities. Producers Mon 19: 38-41.

DiCarlo D, Sahni A, Blunt M (2000) Three-phase relative permeability of water-wet, oil-wet, and mixed-wet sandpacks. SPE J 5 (1): 82-91. SPE-60767-PA. http://dx.doi.org/10.2118/60767-PA. Accessed Mar 2000.

Francisco C (2017) Fractional flow, relative permeability & capillarity: real example of basic concepts. https://www.linkedin.com/pulse/fractional-flow-relative-permeabilitycapillarity-realcaycedo/.

Islam M, Berntsen R (1986) A dynamic method for measuring relative permeability. J Can Pet Technol 25 (1): 39-50. 86-01-02. https://doi.org/10.2118/86-01-02.

Jerry L (2007) Carbonate reservoir characterization. https://doi.org/10.1007/978-3-540-72742-2. Accessed 2007.

John H, Black J (1983) Fundamentals of relative permeability: experimental and theoretical considerations. In: SPE annual technical conference and exhibition, San Francisco, California, 5-8 Oct. https://doi.org/10.2118/12173-MS.

MacAllister D, Miller K, Graham S (1993) Application of X-Ray CT scanning to determine gas/water relative permeabilities. SPE Form Eval 8 (3): 184-188. SPE-20494-PA. http://dx.doi.org/10.2118/20494-PA.

Oak M, Baker L, Thomas D (1990) Three-phase relative permeability of Berea sandstone. J Pet Technol 42 (8): 1054-1061. SPE-17370-PA. https://doi.org/10.2118/17370-PA.

Qingjie L, Hongzhuang W, Wu P (2010) Improvement of flow performance through wettability modification for extra-low permeability reservoirs. Publisher: Society of Petroleum Engineers. In: International oil and gas conference and exhibition in China, 8-10 June, Beijing, China. SPE-131895-MS. https://doi.org/10.2118/131895-MS.

Richard L, Susan M (1995) Literature review and recommendation of methods for measuring relative permeability of anhydrite from the Salado formation at the waste isolation pilot plant. Sandia National Laboratories. SAND93-7074·UC-72129.

Standing M (1974) Notes on relative permeability relationships. Unpublished report, Department of Petroleum Engineering and Applied Geophysics, The Norwegian Institute of Technology, The University of Trondheim.

Tarek A (2010) Reservoir engineering handbook, 4th edn. TN871.A337 2010. ISBN 978-1-85617-803-7.

第7章 上覆压力和储层岩石的压缩性

7.1 上覆压力

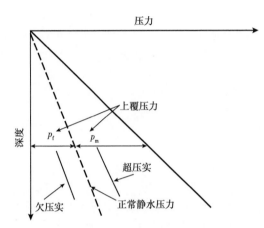

图 7.1 上覆地层骨架和流体压力梯度曲线

地层不同深度上的压力都源于饱和了流体的岩柱压力，称为上覆压力，p_{ov}。总的压力等于流体柱的压力 p_f 加上岩石柱的压力 p_m [式 (7.1)，图 7.1]。

$$p_{ov} = p_f + p_m \qquad (7.1)$$

上覆压力会对地层施加一个挤压应力。储层孔隙中的压力与上覆压力不同。通常，孔隙中的压力称为油藏压力，约为 0.5psi/ft，如果岩石是固结的，那么上覆压力不会传递到孔隙流体之中（Tarek，2009）。孔隙压力与上覆压力的差，称为有效上覆压力。压力衰竭过程中，孔隙压力下降，有效上覆压力增加。有效上覆压力的增加会造成下列影响：

（1）储层总体积减小；

（2）组成储层的颗粒体积增大。

需要注意的是，压力不是各向同性的，而是在垂向上会发生变化。水平上的压力来自上覆压力，但较大尺度上的近水平方向上的构造应力会使其发生变化。同时还受到包括裂缝等地层非均质的影响。近似情况下，可认为压力随深度的变化符合静水压力。

另一方面，水相的压力与地表相关。在一个开放系统中，流体压力等于深度与密度的乘积，静水压力梯度通常为 0.435psi/ft（图 7.2）。上覆压力梯度等于上覆沉积物的负载，其压力梯度为 1psi/ft。

通常，如果地层被封闭起来，那么其压力梯度将偏离静水压力梯度。造成超压的因素包括：

（1）由于快速埋藏造成的压实作用；

（2）构造压实作用；

（3）油气的生成和运移作用（Osborne and Swarbrick，1997）。

在某些极端情况，流体压力会接近甚至超过上覆压力。有时，压力也会低于静水压力，但这并不常见。其中一种欠压实是由于上覆地层被剥蚀，孔隙体积因上覆沉积物减少而发生了回弹（Arps，1964）。

上覆压力是由于饱和流体的岩石柱造成的 [式 (7.2)]：

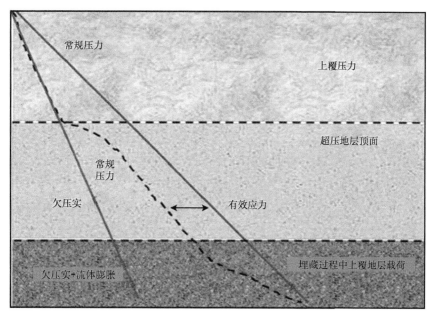

常规压力

上覆压力

超压地层顶面

常规压力

欠压实

有效应力

欠压实+流体膨胀

埋藏过程中上覆地层载荷

图 7.2　不同地层的垂向有效压力

$$p_{ov} = 0.052 \times \rho_b \times D \qquad (7.2)$$

式中　p_{ov}——上覆压力，psi；

　　　ρ_b——地层体积密度，lb/gal；

　　　D——垂向深度，ft。

　　式（7.3）用于描述现场岩性和流体密度存在变化时，确定上覆压力梯度的方法：

$$p_{ov} = 0.433 \left[(1-\phi)\rho_{ma} + (\phi\rho_b) \right] \qquad (7.3)$$

式中　ϕ——孔隙度；

　　　ρ_{ma}——基质密度，g/cm^3。

7.1.1　孔隙压力

　　通常，孔隙压力与未能由岩石骨架支撑的上覆压力有关，更确切地说，是与地层中存在的流体相关。一般情况下，孔隙压力与从地面到井底对应深度的静水柱压力相同。如果油藏压力小于静水压力，那么称为欠压油藏。如果压力超过静水压力，称为异常高压油藏（图 7.3）。

7.1.2　有效压力

　　上覆压力作用于岩石，并将岩石压实。因此，孔隙中的流体也会被压实。同时流体会反作用于岩石。事实上，岩石不会在上覆岩石压力作用下被压扁，而是得到岩石颗粒、胶结物，以及流体的支撑。总的有效压力等于上覆压力减去流体压力。通常，实际应用中有效压力为上覆压力减去 80% 的流体压力。

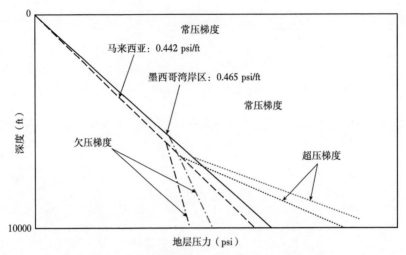

图 7.3　常规油藏和非常规油藏压力示意图

7.2　储层岩石的压缩性

　　压缩性是一个物理现象,是石油开发过程中的重要因素,也是开发过程中的重要动力。随着开发过程的进行,压力下降,岩石颗粒将会更接近,并降低岩石孔隙。这个现象称为岩石压缩性。

　　当油藏边界未落实,或是进行天然水驱开发的油藏,岩石压缩性对于油藏的储量计算具有重要影响。

　　油藏压降过程中,油气的产量、地层水的产量都是储层体积膨胀的函数。当有外力作用于储层时,储层的内部压力也会增加,当外力足够大时,岩石的体积和形状还会发生变化。通常,储层的压缩性包括两个方面,由于流体压力的下降,一是岩石颗粒膨胀,二是地层的进一步压实(Howard,2013)。这些作用都会减小孔隙。岩石的压缩性定义为单位体积储层中,单位油藏压降下减小的孔隙体积[式(7.4)]。

$$C = \frac{1}{V}\left(\frac{\mathrm{d}p}{\mathrm{d}V}\right)_T \tag{7.4}$$

式中　C——等温压缩系数;

　　　V——体积,ft^3;

　　　p——孔隙压力,psi;

　　　T——温度,℉。

　　总的压缩性来自两个方面,一是岩石颗粒的膨胀,二是上覆压力导致的压实。这些因素同时降低孔隙度。实验室测量的是模拟储层条件下,二者的综合结果。图 7.4 展示了评估岩石压缩性的实验装置。

　　通常,储层的上覆压力是定值,而孔隙中的流体压力会发生变化,从而导致孔隙体积的变化。实验过程中,改变岩心的围压,保持孔隙压力不变。孔隙压力与上覆压力的压差就是压实压力。实验过程是，将岩心 100% 饱和水，然后置于橡胶套中，增加橡胶套的外部压力，从而孔隙体积减小，进而测量排出的水的体积。

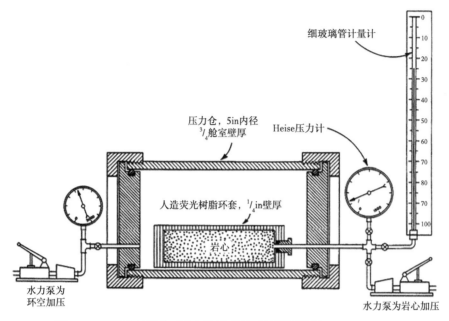

图 7.4　岩石有效压缩系数与孔隙度关系的测试装置（Hall, 1953）

1953 年，Hall 发表了大量储层孔隙与岩石压缩性的相关关系（图 7.5）。所有的实验都是在围压 3000psi，孔隙压力 0~1500psi 条件下测量的。1958 年，Fatt 认为，研究的孔隙度范围很窄（10%~15%），但压缩性与孔隙度没有对应关系。对于碳酸盐岩储层，Knapp

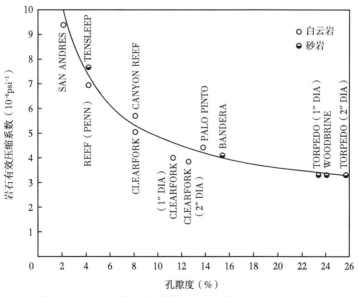

图 7.5　岩石有效压缩系数与孔隙度关系（Hall, 1953）

(1959) 提出了孔隙的压缩性与孔隙度的经验公式。但在后续更精细的研究中，Newman (1973) 提出，任何关于岩石压缩性与孔隙的相关关系都不应在大范围推广。

虽然岩石在地下较深的位置看起来是坚固的、不可压缩的，甚至在高压条件下，孔隙会被压死，但其仍会发生形变。这个形变就是岩石的压缩性，具体数值可以通过实验室测量得到。岩石的压缩既是流体排出的动力，也会造成孔隙度和渗透率的降低。如果流体不能流出储层，那就会形成异常高压储层。因此，岩石的压缩性既有正面的影响，也有负面的影响。压缩过程会使岩石颗粒更加接近，从而降低岩石的渗透率。因此，压缩过程总的影响是降低油藏产量（图 7.6）。

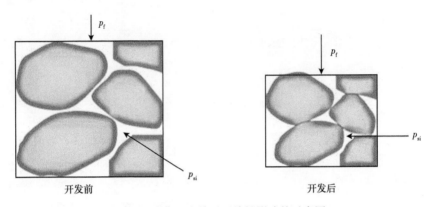

图 7.6　油藏开发前后压缩性影响的示意图

例 7.1

一口井的钻井液密度为 10.5lb/gal，计算井深 5000ft 处对应的静水压力。

解:

$$p_{ov} = 0.052 \times \rho_b \times D$$
$$= 0.052 \times 10.5 \times 5000 = 2730 \text{psi}$$

例 7.2

原油的 API 度为 40°，计算井深 5000ft 处对应的静水压力。

解:

$$SG = 141.5/(131.5+40) = 0.825$$

$$p_{hyd} = 0.433(SG)h$$
$$= 0.433 \times 0.825 \times 5000 = 1786 \text{psi}$$

例 7.3

如果一个常规油藏，其孔隙压力梯度为 0.422psi/ft，计算深度 9000ft 处对应的油藏压力。

解:

$$p = 0.422 \times 9000 = 3978 \text{psi}$$

例 7.4

一个油藏，在深度 7500ft 处对应的压力为 4000psi。作业要求高于地层压力 300psi 的余量，那么所需的钻井液密度是多少？

解：

$$p_{ov} = 0.052\rho_b D$$

$$\rho_b = (4000+300)/0.052/7500 = 11.0\,lb/gal$$

例 7.5

应用下面的储层数据估计储层压降 100psi 时，储层岩石的体积变化：

孔隙度 = 15%；

总的储层面积 = 2000000ft^2；

地层厚度 = 150ft；

储层岩石的压缩系数 = 3×10^{-6}psi^{-1}

解：

储层岩石的体积 = 2000000×150 = 300×10^{6}ft^2

孔隙体积 = 储层岩石体积×孔隙度 = 3000×10^6×0.15 = 45×10^{6}ft^3

$$\frac{dV_p}{dp} = C_f \cdot V_p$$

$$\frac{dV_p}{dp} = 3×10^{-6}×45×10^6 = 135\,ft^3/psi$$

$$dp = 100\,psi$$

$$dV_p = 13500\,ft^3$$

在 100psi 的压降下，储层孔隙体积的变化为：

$$\frac{dV_p}{dp} = \frac{13500}{45×10^6} = 0.03\%$$

参 考 文 献

Arps JJ (1964) Engineering concepts useful in oil finding. AAPG Bull 43 (2)：157-165.

Fatt I (1958) Pore volume compressibilities of sandstone reservoir rock. J Pet Tech, 64-66.

Hall HN (1953) Compressibility of reservoir rocks. Trans AIME 198：309-311.

Howard N (2013) Compressibility of reservoir rocks. https：//doi.org/10.2118/953309-g. Accessed Apr 2013.

Newman G (1973) Pore-volume compressibility of consolidated, friable, and unconsolidated reservoir rocks under hydrostatic loading. J Pet Tech, 129-134.

Osborne MJ, Swarbrick RE (1997) Mechanisms for generating overpressure in sedimentary basins：a reevaluation. AAPG Bull 81 (6)：1023-1041.

TarekA (2009) Working guide to reservoir rock properties and fluid flow. ISBN：978-1-85617-825-9.

Van der Knapp W (1959) Nonlinear behavior of elastic porous media. Trans AIME 216：179-187.

第8章　非常规油气储层

本章将介绍非常规储层的定义和评价方法。对非常规储层具有特殊的性质进行介绍，本章将包含大部分的非常规储层，包括致密气、致密油、油砂、油页岩、沥青、页岩气、煤层气、天然气水合物等。本章将讨论油气的聚集、储层性质的量化（孔隙度、渗透率、流体饱和度、油气储量等）、地层评价，以及非常规油藏的开发方式等。

8.1　概况

非常规油藏的研究主要在近些年发展起来。在油藏地质、地球物理、油藏工程、经济评价方面开展了大量研究。非常规油气包括连续型和非连续型油气聚集（Zhao et al.，2016a）。通常，将其分为油和气两种。目前没有对非常规油气资源的明确定义。有些学者基于渗透率值对非常规油气进行定义，而有些学者基于对其油气系统的理解和开发方式的类型对非常规油气进行定义。比如分为页岩气、致密砂岩气（含干气，湿气）、重油、油砂，按渗透率将其定义为 500nD 以下的储层为非常规储层。还有学者认为，非常规储层的渗透率可大可小，黏度可高可低（Harris，2012），但这些资源无法采用常规技术开发。因此需要通过新的技术提高储层的渗透率，降低流体黏度。地质上，油气大范围连续聚集，油藏没有明确的圈闭和油水界面。非常规资源包括页岩气、致密油、致密气、煤层气、沥青，以及天然气水合物（Gruenspecht，2011）。

这些非常规储层若想产出油气，需要具有较高的含油（气）饱和度。通常，需要发育天然裂缝，包括垂直缝合水平缝。这些储层往往渗透率极低，通常为纳达西水平。通常，非常规储层的开发成本高于常规储层，并存在附加的环境风险。

8.2　非常规石油地质

非常规油气通常为连续型展布。因为储层的喉道为纳米尺度，因此圈闭和源岩没有明确边界；也没有明确的油（气）水界面。同时，油气饱和度也与常规油藏不同，油气水同时存在。非常规储层的孔喉半径在 100~500nm 之间，将影响非常规油气的聚集机理。在非常规油藏中，没有明确的压力系统，也没有明确的水层边界，孔隙中的油气含量差别也很大。通常，其地质特征、评价方法、分类系统等都与常规油藏截然不同。图 8.1 展示了常规油藏与非常规油藏的概念特征（Zou et al.，2011）。

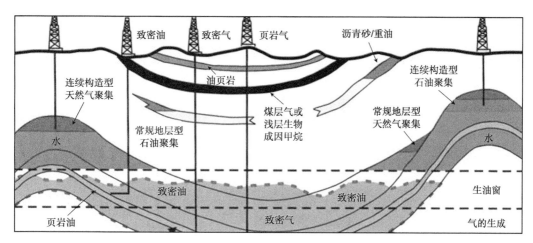

图 8.1 油气系统中不同油藏类型发育模式示意图 (Steve Sonnenberg and Larry Meckel，2016)

8.3 连续性油气聚集

目前，连续型油气聚集中，没有像常规油藏那样的分类系统。本章将介绍一些基于非常规油藏聚集特征的分类方案（表 8.1）。按照之前的勘探领域，非常规油气聚集可分为 7 种。同时，油气可分为热成因油气、生物成因油气，以及混合成因油气。油气的赋存类型也可分为吸附型、孤立型，以及综合型。

表 8.1 连续型油气藏的类型

分类基础		类型
储层类型		致密砂岩气，致密砂岩油，页岩气，页岩油，裂缝—溶洞碳酸盐岩油气，火山岩和变质岩气，煤层气，天然气水合物，其他
油气成因		热成因，生物成因，混合成因
源岩—储层—盖层组合	源储组合	自生自储（煤层气，页岩气，页岩油，其他）；非自生自储（致密砂岩油，致密砂岩气）
	油源	自源油气（煤层气，页岩气，页岩油，其他）；非自源油气（致密砂岩油，致密砂岩气）
油气赋存形式		吸附型，自由型，吸附—自由型
连续型		气藏的形成具有连续性聚集过程、连续性聚集区域，以及连续性勘探过程

8.4 方法和技术

非常规油藏的关键特征是其储层和连续识别型油气聚集。需要采用先进的技术研究非常规油藏，比如储层预测、微地震、大尺度裂缝等。进一步地，油气评价方法也完全不同。

应用于常规油藏的勘探方法和技术不适用于非常规油藏。非常规储层的孔隙度通常小于 10%，空气渗透率低于 $10^{-3}\mu m^2$。

8.5　非常规油气资源的定义

非常规油藏的流体类型非常广泛,包括油砂、超重油等各种流体。

(1) 油砂。

重油和沥青砂在世界大范围内发育 (图 8.2)。油砂通常由储存在固结砂岩中的重油和沥青组成。这些原油在室温下密度很大,黏度很高,这也提高了原油的提取工艺的难度。有时,重油的密度还会超过水的密度。这样的原油无法使用常规方法开发,需要对开发过程进行改进。这类原油具有很高含量的重金属和硫含量,这也都会影响炼制的过程。这类

图 8.2　油砂 (加拿大, 阿尔伯塔,
引自 https：//www.strausscenter.org/energy-and-security/tar-sands.html)

油藏主要集中在加拿大和委内瑞拉（Bergerson and Keith，2006）。

从油砂中抽提原油很困难，需要很高的成本和人力，同时，资源周边的环境也对开发过程存在限制，包括开发系统所需的热量和发电量等（Gardiner，2009）。

（2）致密油。

致密油由赋存在低渗致密砂岩或页岩中的轻质油组成（Mills，2008），为了提高致密油的产量，需要对储层进行水力压裂。通常，页岩中富含干酪根，或是存在合成油（World Energy Resources，2013）。

（3）油页岩。

油页岩是富含干酪根的沉积岩（图8.3）。油页岩在一定机理下可以转化为页岩油，包括加氢、裂解、热溶解等。油页岩在300℃时会发生裂解，这还与裂解持续的时间相关，在480℃时，裂解的速度更快。生成的页岩气与页岩油的比例与温度相关，总的趋势是随温度的升高，比例增大。这个过程还取决于油页岩的性质，以及使用的处理技术。2016年，世界能源委员会对全球页岩油资源进行了评估，评估结果约为60.5×10^8bbl（World Energy Resources，2013）。

图8.3　油页岩露头（Smith et al.，2007）

（4）致密气。

致密气赋存在坚硬、低渗的地层中。通常在低孔的砂岩和碳酸盐岩中，有时也被称为致密砂岩气。致密气的开发需要更加复杂的开发流程。致密气储层的孔隙不均匀，且连通性不好，孔喉很小，渗透率很低，要得到较高的经济产量，需要对储层进行压裂或酸化处理。多数的致密气藏发育在古生代地层中，由于胶结、压实、重结晶作用，储层的渗透率极低，通常在毫达西到微达西水平（Dan，2008）。

（5）页岩气。

页岩气是赋存在页岩中的天然气，通常以甲烷为主。由于页岩的渗透率通常很低，导致其产量也较低，从而没有经济性。从资源角度上看，发现页岩气的风险不高，但其收益也较低。由于页岩的基质渗透率极低，页岩地层常需要通过水力压裂在井筒范围内形成大规模的人工裂缝，进而增加储层渗透率。同时，通常采用长水平井开发，以增加井筒的泄油面积，其水平长度段超过3500m（Dan，2008）。

具有经济产量的页岩气储层通常具有一些普遍特征，如有机质含量较高（0.5%~25%），烃源岩成熟度较高，温压条件已使大部分原油转变了天然气。页岩具有足够的脆性，可保持裂缝的开启（VS Department of Energy，2009）。

（6）天然气水合物。

天然气水合物是水和天然气形成的固体结晶水。看起来像冰，但主要由甲烷组成。天然气水合物在全世界范围内都有发育，主要发育在海底，或是与北极地区的冻土相关。天然气水合物的稳定存在需保持温度低于水合物稳定温度，在海底10~100m以下（Sloan，1990）。在特定的温压条件下，油气与氟利昂也会形成水合物状态。天然气水合物具有巨大的储量，但其开发技术仍难以突破。水合物的形成还会堵塞管线，从而给油气工业带来了巨大的难题（图8.4）。

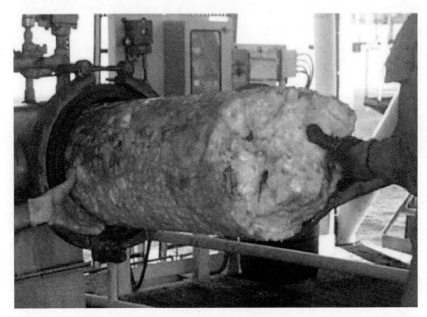

图8.4   海底管线中的天然气水合物（Irmann，2013）

（7）煤层气。

煤层气（CBM）是煤层中形成的天然气。近些年，煤层气成了重要的资源类型。通常，煤层气以甲烷为主，吸附于煤层基质内。煤层气也因不含硫化氢而被称为"甜气"。CBM因其以吸附的形式赋存在煤层中，而与常规天然气不同。煤层气中的甲烷通常接近于液态形式赋存在煤层基质中，但在储层的裂缝中，也存在游离形式的气体。CBM中还含有较少的丙烷或丁烷等重质组分，但基本不存在凝析组分。有时还包含部分二氧化碳。CBM储层通常为双重介质，裂缝提供了气体的流动通道，孔隙提供了气体的存储空间。CBM的孔隙范围一般在0.1%~1%之间（Clarkson，2013），渗透率通常在0.1~50mD之间，裂缝控制了CBM的流动特征（McKee et al.，1988）。

（8）沥青。

沥青是以半固结或固结状态赋存在油藏中的原油。通常包含硫、金属物质，以及其他非烃组分。通常，沥青的 API 度在 10 以下，黏度超过 10000MPa·s（在油藏温度和不含气的大气压条件）。提高抽提沥青的经济性，需对开发过程进行优化，如采用注蒸汽等方式。通常，近地表的沥青资源可应用采矿技术开发。这类油气在外输之前还需进行加氢处理（Dusseault et al.，2008）。

8.6　纳米孔隙系统储层

通常，非常规储层属于纳米孔隙。不同类型非常规储层的孔喉直径如下：

页岩气，5~200nm；

页岩油，30~400nm；

致密灰岩油，40~500nm；

致密砂岩油，50~900nm；

致密砂岩气，40~700nm。

在这样的孔喉中，黏度和分子间作用力很重要。油气吸附在矿物和干酪根表面，或是以游离状态存在于固体有机物中（图 8.5）。压差和扩散是油气运移和聚集的主要机理。表征储层流动能力需要评估孔隙的连通性（Curtis，2011）。

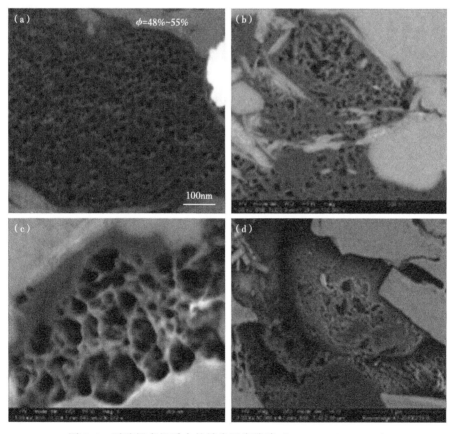

图 8.5　干酪根有机质中的纳米尺度孔隙（Curtis et al.，2011）

8.7 非常规储层的地层评价和储层表征

通常，非常规储层的沉积过程描述和岩石物理解释都非常复杂。需要通过水力压裂技术提高油气产量，实现开发的经济性。同时，还需要通过应用水平井技术来提高单井产量。

非常规储层中包含很多非均质结构的组分。这些储层包含复杂的孔喉结构，且大部分孔隙为纳米孔隙（Loucks et al.，2012）。能够产出油气的储层，常具有较高的油气饱和度和较低的含水饱和度。通常，储层渗透率极低，需要在纳米尺度对储层进行评价。储层中常发育裂缝，既包括高角度裂缝，也包含低角度裂缝。既存在孔隙中游离形式的油气，也存在黏土和干酪根表面吸附形式的油气。通常，评价储层特征的关键在于对更多高技术数据的录取。

（1）定量岩石组分。

获得定量的矿物组成和储层岩性是表征非常规储层的第一步。矿物组成对非常规储层的产量具有重要影响（Walles and Cameron，2009）。页岩这个词常用来代表极细粒的沉积物，包括黏土和粉砂颗粒等。通常，大部分的泥质储层的颗粒尺寸都相近，但储层内部的矿物类型变化很大。储层的石英、长石、白云石、黏土矿物含量很大。矿物组成的变化将对储层的机械性质造成重大影响。基于测井曲线、随钻测井、钻井液测井、岩心分析等可得到矿物组成方面的信息。正确的岩性和矿物组成方面的研究可为更准确的完井设计方案提供支撑。

（2）总有机碳含量。

优质的源岩需具备的性质首先是具有较高的总有机碳含量（TOC）。TOC 由 3 种组分组成：油气，干酪根，残余碳（Jarvie，1991）。自然条件下，油气是干酪根在高温高压条件下形成的。通常，如果油气运移进入储层中，则形成常规油藏，在非常规油藏中，大量的油气没有运移进入储层中，而源岩本身变为了储层。需要对 TOC 和干酪根的性质进行定量（Passey et al.，2010）。

（3）确定孔隙度和渗透率。

如前面讨论的，非常规储层孔隙以很小的粒间孔和粒内孔组成，孔喉结构非常复杂。同时存在天然裂缝，既有高角度裂缝，又有低角度裂缝（Loucks et al.，2012）。常规测试孔隙度和渗透率的方式不适用于非常规储层。通常，非常规储层的总孔隙度较低（5%～12%）。使用常规测井方式确定非常规储层的 TOC 含量、非有机物含量都很困难。使用元素光谱和核磁共振测井等设备可提高评价的精确度。孔隙度需要通过岩心分析和测井数据得到，包括大量的实验室测试方法，如压汞曲线（MICP）、天然气研究技术（GRI）、标准破碎孔隙度、扫描电镜（SEM）、聚焦离子束（FIB）摄影等（图 8.6）。非常规储层的渗透率很低，需要在纳米尺度对岩心进行测量，常用的技术包括压降、脉冲压降，以及 MICP 方法（Passey et al.，2010）。

（4）确定流体饱和度。

常规储层中，油气赋存在基质孔隙中。通过岩心分析或是测井、随钻测井的电阻率曲线计算油气的饱和度和储层的孔隙度。而通常在非常规储层中，既存在裂缝和基质孔隙中的游离油气，也存在干酪根和矿物表面上的吸附油气，同时还有部分油气溶解于沥青中。

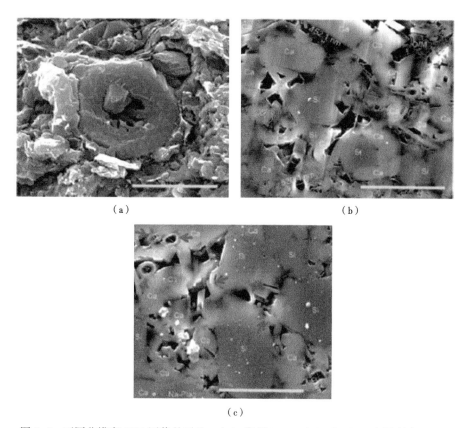

图 8.6　不同分辨率 SEM 图像的对比。(a) 常规 SEM；(b) 和 (c) 离子研磨 SEM，
包括颗粒、有机质、孔隙类型和分布特征等

对于非常规储层，综合的实验室研究是确定油气体积和饱和度的主要技术。对于破碎的岩心样品，常使用 Wise Retort 或 Dean-Stark 分析来确定流体饱和度。使用吸附和解吸等温线来确定吸附气含量和总气量（Bustin et al.，2009），确定含水饱和度的方法与常规储层相同，即基于电阻率和孔隙度测井数据，使用泥质砂岩公式或阿尔奇公式来确定，同时还需将岩心分析饱和度与测井计算饱和度进行比对。

8.8　确定赋存油气的干酪根的含量

非常规储层中油气的储集和运动行为仍处于研究之中。对于游离和吸附气系统，已经发现了纳米孔隙中的非达西流动。因此需要开发针对干酪根表面吸附作用的分子动力学模型来表征不同的油气吸附量。有学者提出了定量的煤层气分子扩散模型，可以计算煤层气的解吸和吸附量（Xu et al.，2012）。但目前对泥岩中含水的油气藏的理解还很少，其内部的油气运移和吸附系统更加复杂。现今的处理方式主要是一些新颖的算法，其中考虑了干酪根中气体的弥散、滑移流动、Kundson 扩散，以及 Langmuir 解吸等。

（1）Langmuir 等温曲线方程。

吸附气的脱气过程常通过描述脱气量与压力之间关系的 Langmuir 等温线表示。Langmuir

等温方程认为，气体分子附着在泥岩和煤表面，形成一层分子层（Fekete Associates，2012）。

Langmuir 等温方程如下：

$$C_{gi} = \frac{V_L p}{p_L + p} \tag{8.1}$$

式中　V_L——Langmuir 体积；

　　　p_L——Langmuir 压力；

　　　p——压力；

　　　C_{gi}——单位质量页岩上吸附气含量。

p_L 和 V_L 是描述吸附作用的独立参数，可通过等温吸附实验获得。

式（8.1）适用于纯煤层或页岩。对于煤层甲烷储层，需要考虑煤层中灰分和水分含量的校正［式（8.2）］。

$$V(p) = (1 - C_a - C_w)\frac{V_L p}{p_L + p} \tag{8.2}$$

式中　C_a——煤层中的灰分含量，ft^3/t；

　　　C_w——煤层中的水分含量，ft^3/t。

（2）页岩储层中的自有气和吸附气方程。

非常规油气聚集分析要基于地质数据计算油气储量。评估非常规储层中游离气和吸附气的方式如下（Fekete Associates，2012）：

$$V(OGIP) = (V_{free} + V_{adsorbed}) \tag{8.3}$$

①吸附气方程。

通常，非常规储层中的吸附气量大于游离气量。因此，计算气的原始储量（OGIP）必须考虑吸附气的含量。可通过式（8.4）评估非常规储层中的吸附气的原始储量（Fekete Associates，2012）：

$$OGIP = 43560Ahp_b \frac{V_L p}{p_L + p} \tag{8.4}$$

式中　h——厚度，m；

　　　A——面积，acre；

　　　ρ_b——吸附气的密度，t/ft^3。

②CBM 储量计算。

对于煤层气，吸附气是最重要的储量组成（式8.5）。通常，游离气所占比例很小。估计吸附气储量的方法与页岩气的方法相似，只是增加了个别参数（Fekete Associates，2012）：

$$OGIP = 43560Ah\rho_b C_{gi}(1 - C_a - C_w) \tag{8.5}$$

③游离气方程。

游离气储量的计算方法与常规气藏相同［式（8.6）］：

$$OGIP = 43560Ah\phi S_{gi}\frac{1}{B_{gi}}$$

(8.6)

式中　C_{gi}——煤层或页岩中的气体含量，ft^3/t；

　　　S_{gi}——原始含气饱和度；

　　　B_{gi}——气的体积系数。

8.9　非常规油气采收率的影响因素

非常规油气资源通常分布面积很大，因此常具有较大的储量。但因需要使用非常规开发技术，因此采收率通常很低，页岩油的采收率约为10%甚至更低，页岩气的采收率约为25%~35%（Energy Information Administration，2013）。进一步地，因为采收率取决于所使用的技术，与常规储层不同，单井产量与地质属性相关性不高，而主要受储层改造过程和局部的储层条件影响。评估非常规油气的产量更加复杂，需要对纳米尺度的储层进行评价（Javadpour，2007）。除此之外，开发过程中还要综合考虑地理、地质，以及作业等因素造成的对自然、能效、环境等的影响（Gao，2012）。

参 考 文 献

Bergerson J, Keith D (2006) Life cycle assessment of oil sands technologies Proc. Alberta Energy Futures Project Workshop available from http：//www. iseee. ca/files/iseee/ ABEnergyFutures−11. pdf.

Bustin R, Bustin A, Ross D et al. (2009) Shale gas opportunities and challenges. AAPG Search Discovery Article 40382, Feb.

Cai−neng ZOU, Shi−zhen TAO, Lian−hua HOU et al (2011) Unconventional petroleum geology. Geological Publishing House, Beijing, pp 201−210.

Clarkson CR (2013) Production data analysis of unconventional gas wells：review of theory and best practices. Int J Coal Geol 109 (2013)：101−146. ISSN 0166−5162. https：//dx. doi. org/10. 1016/j. coal. 2013. 01. 002.

Curtis M, Ambrose R, Sondergeld C et al. (2011) Investigating the microstructure of gas shales by FIB/SEM tomography & STEM imaging. University of Oklahoma.

Dan J (2008) Worldwide shale resource plays, PDF file, NAPE Forum, 26 Aug.

Driskill B, Walls J, Sinclair SW et al. (2013) Applications of SEM imaging to reservoir characterization in the eagle ford shale, South Texas, USA. In：CampW, Diaz E, Wawak B (eds) Electron microscopy of shale hydrocarbon reservoirs, vol 102. AAPG Memoir, pp 115−136.

Dusseault M, Zambrano A, Barrios, J, Guerra C (2008) Estimating technically recoverable reserves in the Faja Petrolifera del Orinoco：FPO. Paper WHOC08 2008 − 437, world heavy oil congress Energy InformationAdministration (2013) Technically recoverable shale oil and shale gas resources. http：//www. eia. gov/analysis/studies/worldshalegas/pdf/overview. pdf.

Fekete Associates Inc. (2012) Langmuir Isotherm. http：//fekete. com/SAN/TheoryAndEquations/HarmonyTheoryEquations/Content/HTML_Files/Reference_Material/General_Concepts/Langmuir_Isotherm. htm.

GAO (2012) Information on shale resources, development, and environmental and public health risks. Government Accounting Office, GAO712−732. http：//www. gao. gov/products/GAO−12−732.

Gardiner T (2009) Canada oil sands emit more CO2 than average: report. Reuters. Retrieved 3 June 2012.

Gruenspecht H (2011) International energy outlook 2011. US Energy Information Administration.

Harris C (2012) What are unconventional resources? A simple definition using viscosity and permeability. AAPG Annual Convention and Exhibition, Long Beach, California. http: //www. searchanddiscovery. com/documents/ 2012/80217cander/ndx_cander.

Jarvie D (1991) Total organic carbon (TOC) analysis. In: Merill RK (ed) Treatise of petroleum geology: handbook of petroleum geology, source and migration processes and evaluation techniques, AAPG, pp 113−118 Javadpour F, Fisher D, Unsworth M (2007) Nano−scale gas flow in shale gas sediment. J Can Pet Tech 46 (10): 55−61.

Loucks R, Reed R, Ruppel S et al (2012) Spectrum of pore types and networks in mudrocks and a descriptive classification for matrix−related mudrock pores. AAPG Bull 96 (6): 1071−1078.

McKee C, Bumb A, Koenig R (1988) Stress−dependent permeability and porosity of coal and other geologic formations. Society of Petroleum Engineers. https: //doi. org/10. 2118/12858−pa.

Mills RM (2008) The myth of the oil crisis: overcoming the challenges of depletion, geopolitics, and global warming. Greenwood Publishing Group. pp. 158−159. ISBN 978−0−313−36498−3.

Passey Q, Bohacs K, Esch W et al. (2010) From oil−prone source rock to gas−producing shale reservoir−Geologic and petrophysical characterization of unconventional shale−gas reservoirs. Paper SPE 131350 presented at the international oil and gas conference and exhibition in China, Beijing, China. 8−10 June.

Shabro V, Javadpour F, Torres−Verdín C, Sepehrnoori K (2012) Finite−difference approximation for fluid−flow simulation and calculation of permeability in porous media. Transp Porous Med 94: 775−793.

Sloan ED (1990) Clathrate hydrates of natural gases. Marcel Bekker, New York, pp 641.

Walles F, Cameron M (2009) Evaluation of unconventional gas reservoirs: tornado charts and sidebars. Poster presented at the AAPG 2009 annual convention.

World Energy Council (2016) World energy resources. Oil 2016 (PDF). World−energy−resourcesfull−report, p 116. ISBN 978−0−946121−62−5.

World Energy Resources (2013) Survey (PDF). World energy council. 2013. ISBN 9780946121298.

Zhao JZ, Cao Q, Bai YB et al (2016) Petroleum accumulation from continuous to discontinuous: concept, classification and distribution. Acta Pet Sin 37: 145−159 (in Chinese).

第9章　天然裂缝储层

目前，很多作者从不同的角度定义了裂缝性储层，比如从地应力角度，将裂缝定义为稳定性损失的界面。通常，发生了位移的裂缝称为"断层"，未发生位移的裂缝称为"裂缝"（图9.1）。

更多时候，将裂缝定义为层面上块体之间的不连续边界，这些边界包括裂纹、接缝等，并且沿裂纹没有发生位移。根本上，接缝和断层实际上取决于观测的尺度，但都统称为裂缝。

研究裂缝性储层需要了解地质历史阶段，裂缝发育过程与地质运动之间的关系。通常，裂缝源于构造运动，包括褶皱和断层等。目前，对裂缝的研究已经从原来的经验方法进步到了构造方法。

地壳总是在一定程度上发育断裂。裂缝是由于某种原因导致的岩石稳定性丧失，这些因素包括构造运动、热应力、高压流体等。深部地层承受的上覆压力会使岩石发生塑性变形。这些岩石无法长期承受剪切应力，因此需要位移来进行平衡。通常，评估裂缝储层的属性比常规储层复杂。事实上，裂缝的发育同时取决于岩石的物质组成和属性。因此，裂缝的开启、分布、方向都与应力和岩石类型、深度、岩性等因素相关。地质上，由于天然裂缝的发育，储层的孔隙系统可分为3种：

（1）晶间—粒间孔隙系统；

（2）裂缝—基质系统；

（3）溶孔系统。

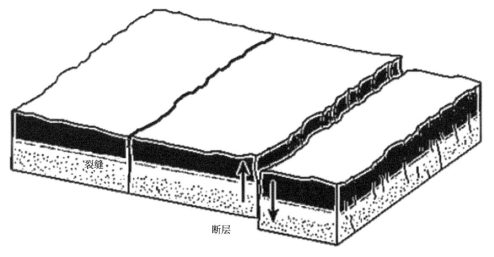

图9.1　裂缝和断层概念的示意图

9.1 岩石的破裂机理

通常，在储层条件下，岩石都承受围压、上覆压力、流体压力及构造应力。通常，将所有应力简化为三个方向上的应力，分别使用 σ_1，σ_2，σ_3 表示最大应力、中间应力和最小应力（图9.2）。垂向应力 σ_1 来自上覆压力，其他两个水平应力定义为压缩应力。

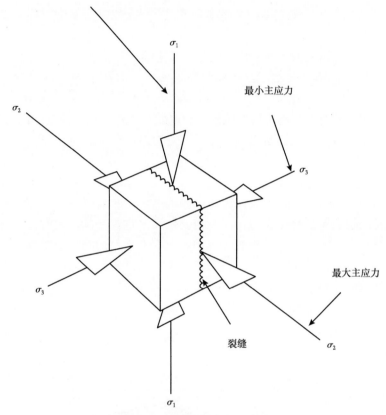

图 9.2 裂缝面上的应力组成

正应力 σ 和剪切应力 τ 在 σ_1 和 σ_3 形成的平面上相互垂直，σ 与 σ_1 形成的夹角为 ψ（图9.3）。在三角形 ABC 单元内的应力平衡满足式（9.1）：

$$\sum_i F_{i,n} = 0; \quad \sum_i F_{i,t} = 0$$

$$\sigma = \frac{\sigma_3 + \sigma_1}{2} + \frac{\sigma_3 - \sigma_1}{2}\cos 2\psi + \tau_{3,1}\sin 2\psi \tag{9.1}$$

剪切应力 τ 满足式（9.2）：

$$\tau = \frac{\sigma_1 - \sigma_3}{2}\sin 2\psi + \tau_{3,1}\cos 2\psi \tag{9.2}$$

使用莫尔圆（图9.4）可以描述 ψ 变化时的各种应力关系。

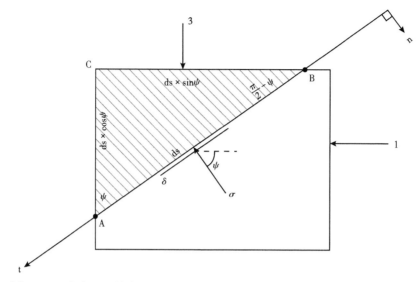

图 9.3 正应力 σ 和剪应力 τ 成一定角度 ψ（引自 King Hurbert，由 AAPG 提供）

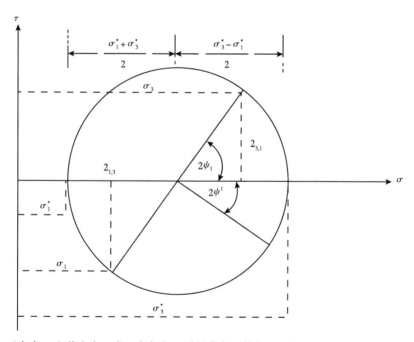

图 9.4 正应力 σ 和剪应力 τ 成一定角度 ψ 时的莫尔圆特征（引自 King Hurbert，由 AAPG 提供）

式（9.1）和式（9.2）可以使用 σ_1^* 和 σ_3^* 来表示，方向上 $\psi_1+\psi_2=90°$。

如果主应力的方向 ψ_1 或分主应力 ψ_2 的方向已知，那么式（9.1）和式（9.2）可以变为式（9.3）：

$$\sigma=\frac{\sigma_1^*+\sigma_3^*}{2}+\frac{\sigma_1^*+\sigma_3^*}{2}\cos 2\psi_1 \tag{9.3}$$

$$\tau = \frac{\sigma_1^* + \sigma_3^*}{2}\sin 2\psi^1 \tag{9.4}$$

这里，

$$\psi = \psi^1 + \psi' \tag{9.5}$$

9.2 形变属性

当需要评价裂缝性质时，需要考虑很多因素。这些因素包括卸载速度、地层温度、围压，以及岩石类型。需要将岩石的延展性与岩石类型挂钩，从而表示相似压力条件下岩石的不同行为。

（1）卸载速度。

减小变形速率可以增加弹性；但同时，卸载速率是温度、围压以及岩石形变机理的函数。很多观察实验都认为，对于砂岩和压实的石灰岩样品，地下条件下的强度与实验室测试数据差异不大。

（2）温度影响。

Handin（1966）研究了温度对岩石形变的影响。在实验室，使用不同温度（25～300℃）对岩石样品进行测试。发现当温度升高时，岩石的强度减小，韧性增加。同时，碳酸盐岩对温度的敏感性高于砂岩。温度对碳酸盐岩的影响如图 9.5 所示。

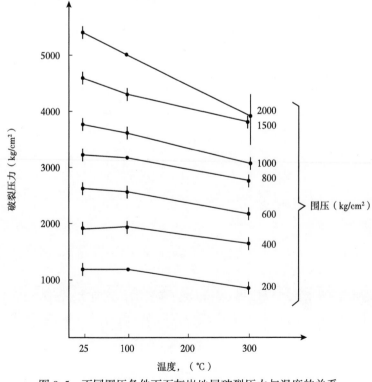

图 9.5　不同围压条件下石灰岩地层破裂压力与温度的关系

（3）岩石类型。

关于沉积岩的机械性能已开展了大量研究，但还需对不同岩石物质的性质进行更多调查（McQuillan，1973）。通常，增加围压和温度、减小应变速率，可以增加岩石的韧性。在相同的条件下，砂岩和白云岩的韧性不及石灰岩。因此，在深度较浅时，韧性的改变不明显，而在深度较大时，韧性的变化会变得非常显著。

9.3 裂缝的定量评价

近些年，出现了很多对裂缝的定量评估研究，主要集中于裂缝密度或是裂缝的基础物理参数方面。其中有两项主要的研究，一项是通过数学模型建立褶皱与裂缝参数的关系（Murray，1977），另一项是评估特定储层和压力条件下的裂缝密度（Ramstads，1977）。

（1）裂缝储层产能。

储层的产能取决于裂缝的密度。很多学者开展了大量裂缝孔渗关系的研究，其中涉及了储层厚度和构造曲率等因素的影响。

当已知储层厚度为 H，褶皱的曲率为 R 时，就可以计算储层中的应力发育情况。图 9.6 展示了构造褶皱中裂缝的发育模式，当构造的曲率增加时，就会在对应的 $\Delta\theta$ 形成裂缝。

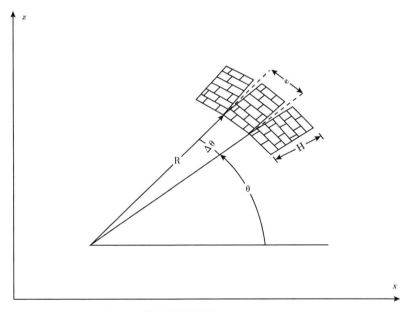

图 9.6　简化的褶皱剖面（Murray，1977）

①裂缝储层的孔隙。

孔隙度是孔隙体积除以岩石体积，那么，对应裂缝的孔隙体积为：

$$V_f = \frac{[(R+H)\Delta\theta - R\Delta\theta]H}{2} = \frac{H^2\Delta\theta}{2} \tag{9.6}$$

这里的岩石体积为：

$$V_B = \frac{[(R+H)\Delta\theta - R\Delta\theta]H}{2} = \frac{2RH\Delta\theta + H^2\Delta\theta}{2} \tag{9.7}$$

那么,裂缝的孔隙度就是:

$$\phi_f = \frac{V_f}{V_B} = \frac{H}{2R+H} \tag{9.8}$$

由于构造的曲率总是远大于储层的厚度,因此:

$$\phi_f = \frac{H}{2R} \tag{9.9}$$

如果将构造的曲率定义为构造倾斜幅度导数的倒数,即:

$$R = \frac{1}{\dfrac{d^2z}{dx^2}} \tag{9.10}$$

那么,裂缝的孔隙度就可以表示为:

$$\phi_f = \frac{1}{2}H\left(\frac{d^2z}{dx^2}\right) \tag{9.11}$$

裂缝的孔隙度通常在0.1%~5%之间,主要取决于溶解通道的发育程度、裂缝间距,以及裂缝的宽度(图9.7)。

有时,裂缝的孔隙度可以达到7%。正确测量裂缝的孔隙度对开发方案的编制非常重

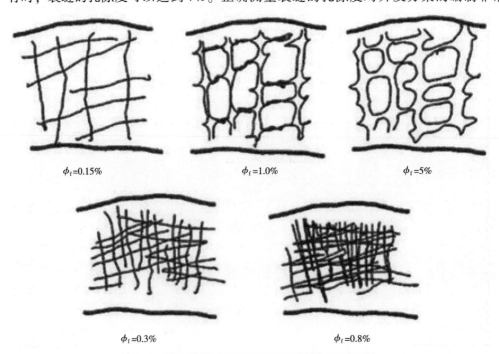

$\phi_f = 0.15\%$ $\phi_f = 1.0\%$ $\phi_f = 5\%$

$\phi_f = 0.3\%$ $\phi_f = 0.8\%$

图9.7 碳酸盐岩储层中不同的裂缝孔隙度示意图

要。如果原油同时存储于裂缝和基质中，那么其原始储量可用式（9.12）计算：

$$N_{ot} = N_{om} + N_{of} \tag{9.12}$$

式中 N_{ot}——原油原始储量，bbl；

   N_{om}——基质中的储量，bbl；

   N_{of}——裂缝中的储量，bbl。

两个储量可以分别使用式（9.13）和式（9.14）计算：

$$N_{om} = \frac{7758Ah\phi_m\ (1-S_{wm})\ (1-\phi_f)}{B_o} \tag{9.13}$$

$$N_{of} = \frac{7758Ah\phi_f\ (1-S_{wf})}{B_o} \tag{9.14}$$

式中 A——储层的含油面积，acre；

   h——平均储层厚度，ft；

   ϕ_f——裂缝孔隙度；

   ϕ_m——基质孔隙度；

   S_{wf}——裂缝中的含水饱和度；

   S_{wm}——基质中的含水饱和度；

   B_o——原油体积系数。

②裂缝储层的渗透率。

常规储层中评估渗透率的方法也适用于裂缝性储层。但在双重介质中，渗透率被分为基质渗透率、裂缝渗透率，以及系统渗透率。容易造成误解的是裂缝渗透率，其中包括单条裂缝的渗透率和裂缝网络的渗透率（或称为裂缝体的渗透率）。

裂缝渗透率可以通过对某条裂缝中的流体流动进行评估，引入变量 b，如果裂缝整体处于油藏中，那么总的流量为对 H 的积分形式 [式（9.15）]：

$$Q = \int_0^H dH = -\frac{1}{12\mu}\frac{dp}{dy}\int_0^H b^3 dH \tag{9.15}$$

如果 b 与 H 为常数关系，关系常数为 a，那么式（9.15）变为式（9.16）：

$$Q = a\frac{a^3}{12\mu}\frac{dp}{dy}\int_0^H H^3 dH = \frac{a^3 H^4}{48\mu}\frac{dp}{dy} \tag{9.16}$$

变换为某个面上的流动速度 [式（9.17）]，则：

$$V = \frac{Q}{S} = \frac{1}{S}\frac{a^3 H^4}{48\mu}\frac{dp}{dy} \tag{9.17}$$

引入式（9.11）和式（9.14），渗透率可以表示为式（9.18）：

$$K_f = \frac{S^2}{48H^2}\left(H\frac{d^2z}{dx^2}\right)^3 = \frac{1}{48}e^2\left(H\frac{d^2z}{dx^2}\right)^3 \tag{9.18}$$

进一步使用几何参数表示式 (9.19):

$$K_f = 2 \times 10^{11} \left(\frac{H}{\dfrac{d^2 z}{dx^2}} \right)^3 \left(H \frac{d^2 z}{dx^2} \right)^3 e^2 \qquad (9.19)$$

式中 K_f——裂缝渗透率, mD;

　　 e——裂缝发育段宽度, ft。

下面将对不同的裂缝渗透率的概念进行澄清。

(a) 裂缝的固有渗透率。

裂缝的固有渗透率指流体流过单条裂缝或多条裂缝的渗透率, 对应于单条或多条裂缝的传导率。因此, 流动剖面仅限于裂缝开度, 而不扩展到基质部分。如果裂缝平行于流动方向 (图 9.8, 裂缝 1 平行于水平流动方向), 那么对应的裂缝中的流速为式 (9.20):

$$q_f = ab \frac{b^2 \cos^2 \alpha}{12\mu} \frac{\Delta p}{1} \qquad (9.20)$$

按照达西公式的概念, 流动界面为 $A = ab$, 那么其流动表达式为式 (9.21):

$$q = A \frac{K_f}{\mu} \frac{\Delta p}{\Delta L} = ab \frac{K_f}{\mu} \frac{\Delta p}{1} \qquad (9.21)$$

对比式 (9.20) 和式 (9.21), 得到裂缝的固有渗透率为式 (9.22):

$$K_{ff} = \frac{b^2}{12} \cos^2 \alpha \qquad (9.22)$$

对于多条裂缝, 其固有渗透率为式 (9.23):

$$K_{ff} = \frac{1}{12} \left[\cos^2 \alpha \sum_1^{n\alpha} b_{\alpha i}^2 + \cos^2 \beta \sum_1^{n\beta} b_{\beta i}^2 + \cdots \right] \qquad (9.23)$$

(b) 常规裂缝渗透率。

常规裂缝渗透率的概念与固有裂缝渗透率的概念不同, 这里, 是将与裂缝相关的岩块体积都考虑进来, 因此对应的流动截面就不是 $A = ab$, 而变为式 (9.24):

$$A_B = ah \qquad (9.24)$$

因此, 得到式 (9.25):

$$q = A_B \frac{K_f \Delta p}{\mu \quad 1} = ah \frac{K_f}{\mu} \frac{\Delta p}{1} \qquad (9.25)$$

(c) 裂缝——基质系统的渗透率。

通常, 这个系统渗透率常表示为裂缝渗透率与基质渗透率的简单相加, 因此其表达式为式 (9.26):

$$K_t = K_m + K_f \qquad (9.26)$$

式（9.26）中的符号含义与图 9.8 中的符号一致，可以发现，总渗透率受流动方向的影响。流动方向改变时，渗透率也随之改变。

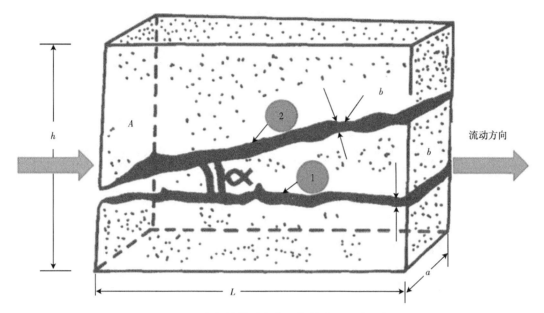

图 9.8 发育简单裂缝岩石的裂缝和基质系统

（d）岩心裂缝渗透率。

基于达西公式，岩心渗透率的测试方法如下式（9.27）：

$$K_{\mathrm{t}} = \frac{Q\mu L}{A\Delta p} \tag{9.27}$$

使用岩心确定渗透率的方法如图 9.9a 所示，由于岩心中存在垂直缝，因此测量结果可能出现误差。但如果裂缝的方向是随机的（图 9.9b），那么使用式（9.27）计算的渗透率就更能代表裂缝—基质系统的渗透率，此时与流动方向无关。

（e）试井裂缝渗透率。

通常，对于径向井筒形式的流动，储层的渗透率由式（9.28）计算：

$$K_{\mathrm{t}} = \frac{Q\mu \left[\ln\left(\dfrac{r_{\mathrm{e}}}{r_{\mathrm{w}}}\right) + S\right]}{2\pi h \Delta p} \tag{9.28}$$

总渗透率与基质渗透率、裂缝渗透率的关系将依赖于储层模型的选择。下面是两种最常见的用于估算总渗透率与基质、裂缝渗透率关系的理想模型（图 9.10）。

（i）Kazemi 模型（Kazemi, 1969）：该模型中，基质为水平层状，层间为裂缝（图 9.10a）。

（ii）Warren-Root 模型（Warren-Root, 1963）：在该模型中，基质被正交的裂缝网络切割，形成矩形岩块，岩块间为裂缝网络（图 9.10b）。

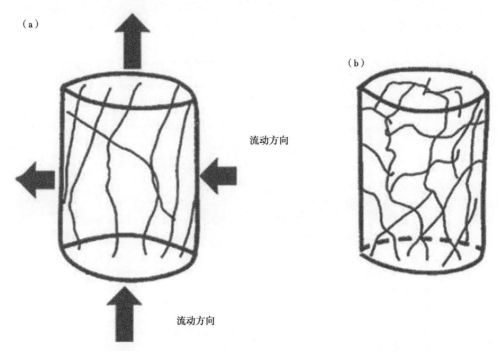

图 9.9 岩心样品示意图。(a) 具有方向性的裂缝系统;(b) 无方向性的裂缝系统

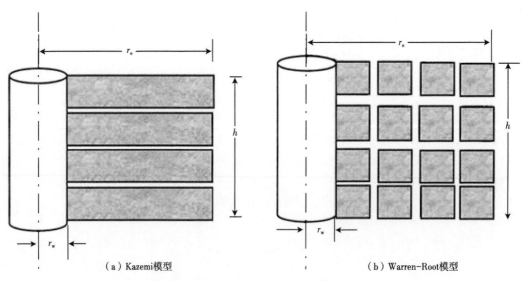

(a) Kazemi模型 　　　　　　　　(b) Warren-Root模型

图 9.10 径向流模型。(a) Kazemi 模型;(b) Warren-Root 模型

在 Kazemi 模型中,等效的总渗透率为式 (9.29):

$$K_t = K_m + K_f = K_m + K_{ff}\frac{nb}{h} \qquad (9.29)$$

在 Warren-Root 模型中,流动机理更加复杂,当裂缝中的流体流入井筒后,基质再向裂

缝补充流体。此时，等效的总渗透率就是裂缝渗透率式（9.30）：

$$K_t = K_f \tag{9.30}$$

③最小裂缝压力。

裂缝延伸所需的最小压力为式（9.31）：

$$\sigma_1 > E\left(\frac{\mathrm{d}^2 z}{\mathrm{d}x^2}\right) \tag{9.31}$$

式中　E——弹性模量。

9.4　天然裂缝的指示

　　大量学者指出，裂缝会改变基质的孔隙度和渗透率。如果裂缝或溶孔被次生矿物充填，那么其将阻碍流动。但通常情况下，裂缝是开启的，能够提高孤立岩石的孔隙度，从而提高油气采收率。因此，确定裂缝的分布特征对评价油藏动态具有重要意义。通常，裂缝孔隙度在1%左右。

　　在油田开发早期，评价储层的孔隙度和渗透率能够帮助确定开发方案中的井数和井位。有学者提出了一些评价和定义裂缝性储层的方法，主要包括（图9.11）：

　　（1）钻井液漏失和钻速提高（图9.11）；

　　（2）岩心上观察到裂缝和溶蚀通道；

　　（3）测井数据用来确定岩性、流体饱和度、孔隙度等，但无法确定天然裂缝；

　　（4）压恢和压降测试能够对裂缝的有效性提供很好的指示作用（图9.12）；

　　（5）在直井井眼中，钻穿不同地层时钻井液出现高振幅现象，指示了天然裂缝的存在；

　　（6）井筒成像可用于识别裂缝和溶蚀通道；

　　（7）当增产措施显著提高了生产井的生产效果时，常指示天然裂缝的发育。

　　一般不会使用某种单一方法来单独证实裂缝的存在。井筒成像和井下电视能够看到裂缝，但仍就无法识别微裂缝系统。

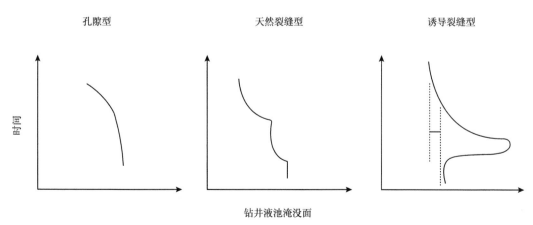

图9.11　不同储层类型下钻井液漏失的特征（从左至右分别为孔隙型、天然裂缝型和诱导裂缝型）

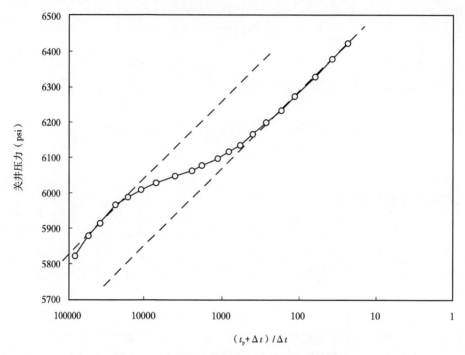

图 9.12 应用压力恢复测试分析天然裂缝特征

9.5 裂缝的面积

通常，裂缝的内部面积表示为 S_{pv}，考虑裂缝的个数，总的裂缝面积为：

$$n(2w_f L + 2h_f L) = 2n(w_f + h_f) L$$

裂缝所占的总的孔隙体积为 $n \cdot w_f \cdot h_f \cdot L$，假设裂缝提供了所有的储集空间和渗透率（图 9.13），那么单位孔隙体积对应的裂缝面积为式（9.32）：

$$S_{pv} = \frac{2n(w_f + h_f)L}{2nw_f h_f L} = 2\left(\frac{1}{h_f} + \frac{1}{w_f}\right) \tag{9.32}$$

按照相同的方法，单位颗粒体积对应的裂缝面积为式（9.33）：

$$S_{gv} = \frac{2n(w_f + h_f)L}{AL(1-\phi)} \tag{9.33}$$

对式（9.33）进行变换可得式（9.34）：

$$S_{gv} = \frac{2nw_f h_f}{AL(1-\phi)}\left(\frac{1}{h_f} + \frac{1}{w_f}\right) \tag{9.34}$$

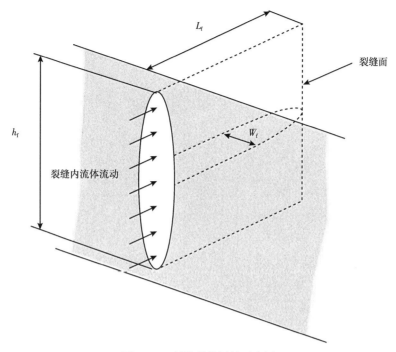

图 9.13　裂缝形状属性示意图

9.6　裂缝储层的流体饱和度

通常，裂缝性储层中，基质流体饱和度需要面对的挑战与非裂缝性储层一致。裂缝性储层确定流体饱和度的方法也是通过测井曲线和实验室数据。

双孔介质中，次生孔隙相对于原生孔隙越小，对油气的饱和度影响越小。通常，裂缝中的流体饱和度为 100%，在油层中则 100% 含油，在水层中则 100% 含水。但实际问题是，必须对双孔介质的饱和度进行评价。因此，需要一系列的特征参数对基质饱和度与裂缝饱和度的关系进行表征。

（1）裂缝性储层中无过渡带。

在裂缝性储层中，也会按照流体分布对油藏进行分区。裂缝性储层中重力的作用远大于毛细管压力的作用，事实上，毛细管压力可忽略。因此，裂缝性储层中的油水界面常表现为明确的水平形态（图 9.14）。

（2）裂缝储层中的高含水饱和度区域与油水界面无关。

如果裂缝发育于油气充注之前，那么在含油区，储层的含水饱和度也不相同。

图 9.14 展示了含水饱和度与深度的不对应性，两口井钻遇了裂缝性储层，假设基质孔隙度一样，由于裂缝的存在，基质岩块的高度不同。在本例中，较小的岩块含水饱和度较高（A-D），因为这些岩块距过渡带较远，因此，在井间对比饱和度没有意义（Van Golf-Racht，1982）。

另一方面，较大的岩块高度较大，对应的重力作用也会强于毛细管压力。因此，毛细管压力、基质岩块高度，以及裂缝密度控制了裂缝性储层中饱和度的分布。

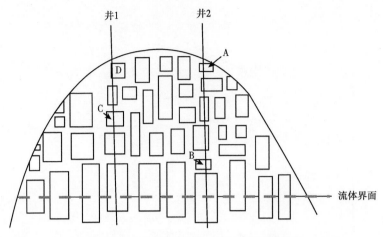

图 9.14　不同基质类型的裂缝网络示意图

9.7　裂缝网络系统的孔渗关系

通常，裂缝储层的岩石属性与常规储层完全不同，因此储层评价过程不同，这是因为裂缝储层与常规储层相比，具有不同的孔渗关系（原生属性和次生属性）。需要通过特殊的方法对裂缝网络系统的孔渗关系进行评价。

描述裂缝网络的模型包括下列几种，如图 9.15 所示。

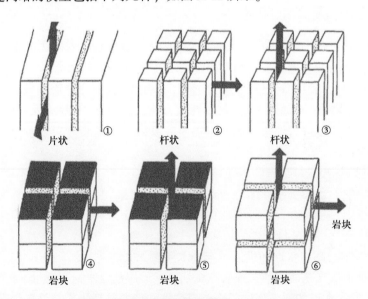

图 9.15　基质岩块的简化模式（Reiss，1976)

9.8　裂缝性岩石的压缩性

压缩性是裂缝性储层系统的重要参数，这主要是因为在裂缝性储层系统中，基质和裂缝的属性存在较大差异。压缩系数在瞬时压力试井分析中非常重要。此时，与双孔介质有关的压缩系数通过储能系数来表示，其对压力响应具有重要影响。

在裂缝储层系统中，原生孔隙（基质孔隙）与次生孔隙（裂缝、溶孔、洞穴）共同影响了岩石的压缩系数式（9.35）：

$$C_t = C_m + \phi_c C_c + \phi_f C_f + \phi_v C_v \qquad (9.35)$$

式中　C_t——总压缩系数；

　　　C_m——基质压缩系数；

　　　C_c——溶孔压缩系数；

　　　C_f——裂缝压缩系数；

　　　C_v——洞穴压缩系数；

　　　ϕ_c——溶孔孔隙度；

　　　ϕ_f——裂缝孔隙度；

　　　ϕ_v——洞穴孔隙度。

通常，溶孔和洞穴的压缩系数是基质的 3 倍。碳酸盐岩储层次生孔隙的压缩系数可用式（9.36）表示：

$$C_{psp} \approx \left[\left(\frac{\phi_f}{\phi_{ts}} \frac{1350}{\sigma - p} \right) - 0.09 \right] \times 10^{-4} \qquad (9.36)$$

式中　C_{psp}——次生孔隙的压缩系数；

　　　ϕ_{ts}——次生孔隙度；

　　　p——孔隙压力，kgf/cm^2；

　　　ϕ_f/ϕ_{ts}——裂缝孔隙/总次生孔隙。

从图 9.16 可以看到，实验结论与理论方法趋势一致。

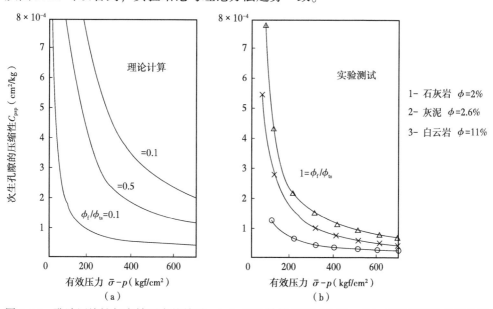

图 9.16　孔隙压缩性与有效压力的关系。（a）理论计算的关系曲线；（b）实验测试的关系曲线

9.9　裂缝性储层的相渗

通常，对于常规储层，相渗可通过特殊岩心分析获得，但对于裂缝性储层，因为双重孔隙的存在，评价其相渗变得十分复杂。很多关于非均质性储层相渗的研究，但对于裂缝性储层相渗的研究并不多见。

通过相渗研究储层的非均质性也可以用于裂缝系统，同时也要在实验室测试流体流速与润湿性对储层的影响（Huppler，1970）。使用水驱测试非均质储层相渗的过程中，如果在实验早期阶段就发生了注水突破，那么会导致相渗曲线异常。因此，裂缝—基质型储层的相渗曲线表现出一种不同寻常的形状（图9.17）。

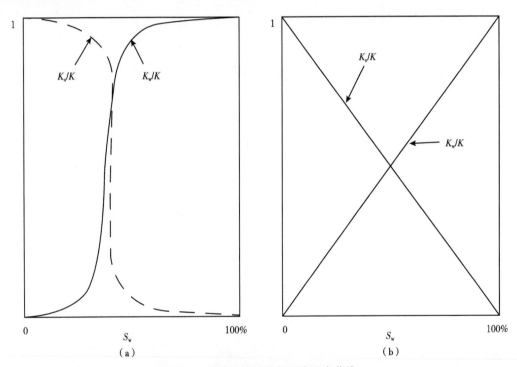

图 9.17　裂缝性储层的相对渗透率曲线。

（a）裂缝未沿岩心轴向发育；（b）裂缝沿岩心轴向发育

流体在基质和裂缝系统中连续流动时，相渗曲线的形状与图 9.18 相似（Braester，1972）。这里的相渗曲线形状随水饱和度的变化而变化，并且，其相渗与渗透率的关系与 Corey 方程的形式相似 ［式（9.37）和式（9.38）］。

$$K_{ro} = \left[\frac{K_2}{K} + \left(1 - \frac{K_2}{K}\right)(1 - S_{w1})^2 (1 - S_{w1})^2\right](1 - S_{w2})^2 (1 - S_{w2})^2 \tag{9.37}$$

$$K_{rw} = \left[\frac{K_2}{K} + \left(1 - \frac{K_2}{K}\right)S_{w2}^4\right]S_{w2}^4 \tag{9.38}$$

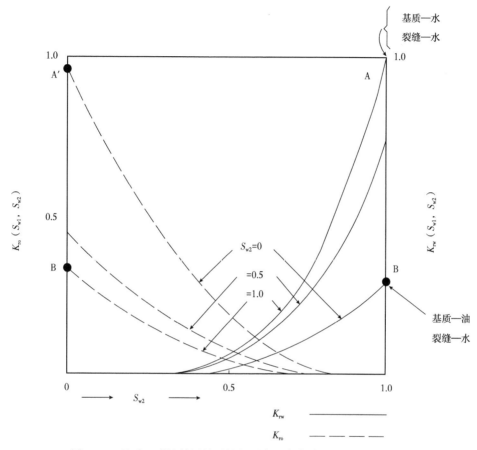

图 9.18   基质—裂缝储层单元的相对渗透率曲线（Braester，1972）

9.10 裂缝性地层的毛细管压力

　　裂缝系统的另一个很重要参数是毛细管压力。毛细管压力是储层流动机理的重要方面。毛细管压力在驱替和渗吸过程中都发挥了重要的作用。通常，毛细管压力控制了储层过渡带段的流体分布。但这个现象在裂缝性储层中不常见。

　　因为裂缝通道较大，毛细管压力不重要，在裂缝系统中，过渡带可以忽略，因此油水界面变成了水平形式。但同时，基质岩块中的动静态平衡受到毛细管压力和重力的双重影响，从而毛细管压力和重力对储层的开发机理具有重要影响。如图 9.19 所示，描述了裂缝和基质在渗吸过程中气水界面的相对位置。

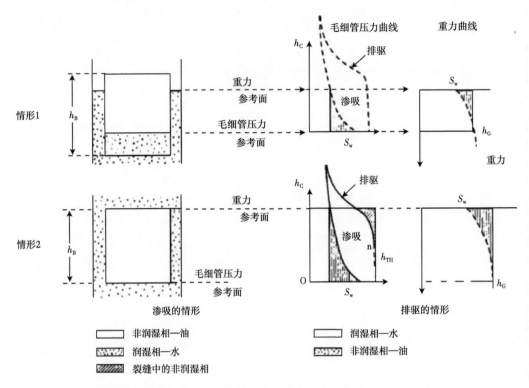

图 9. 19　裂缝—基质系统中渗吸驱替过程的参考面变化示意图 （Van Golf-Racht，1982）

参 考 文 献

Braester C （1972） Simultaneous flow of immiscible liquids through porous fissured media. J Pet Technol 297–303.

Friedman G，Sanders J （1978） Principles of sedimentology. Wiley, New York.

Handin J （1966） Strength and ductility. In：Handbook of physical constants，vol 97. Geol Soc America Mem，pp 223–289.

Huppler J （1970） Numerical investigations of the effects of core heterogeneities on waterflood relative permeabilities. Soc Pet Eng J 10 （4）：381–392.

Kazemi H （1969） Pressure transient analysis of naturally fractured reservoir with uniform fracture distribution. Soc Pet Eng J 90 （4）：451–462.

McQuillan H （1973） Small–scale fracture density in Asmari formation of southwest Iran and its relation to bed thickness and structural setting. Am Assoc Pet Geol Bull V45 （1）：1–38.

Murray G （1977） Quantitative fracture study，Sanish Pool. In：Fracture–controlled production，AAF'G Reprint Series 21.

Ramstad L （1977） Geological modelling of fractured hydrocarbon reservoirs. University of Trondheim，report No. 774.

Reiss L （1976） Reservoir engineering in fractured reservoirs. French Institute of Petroleum Van Golf–Racht T，Ramstad L （1976） Modelling North Sea fractured limestone reservoir. Offshore North Sea proceedings，Stavanger，Noway.

Van Golf-Racht T (1982) Fundamentals of fractured reservoir engineering—Developments in petroleum science, No. 12. Amsterdam, Elsevier Scientific Publishing Co., 710 p.

Warren J, Root P (1963) The behaviour of naturally fractured reservoirs. Soc Pet Eng J 3 (3): 245.

Abeysinghe K, Fjelde I, Lohne A (2012) Dependency of remaining oil saturation on wettability and capillary number. Paper SPE 160883 presented at the SPE Saudi Arabia Section technical Symposium and Exhibition, Al-Khobar, pp 8-11.

Chitale V, Gbenga A, Rob K, Alistair T, Paul (2014) Learning from deployment of a variety of modern petrophysical formation evaluation technologies and techniques for characterization of a pre - salt carbonate reservoir: case study from campos basin, Brazil. Presented at the SPEWLA 55th Annual Logging Symposium Abu Dhabi, 18-22 May. SPWLA-2014-G.

Geffen T, OwensW, Parrish Det al. (1951) Experimental investigation of factors affecting laboratory relative permeability measurements. J Pet Technol 3 (4): 99-110. SPE-951099-G. http://dx.doi.org/10.2118/951099-G.

Islam M, Berntsen R (1986) A dynamic method for measuring relative permeability. J Can Pet Technol 25 (1): 39-50. 86-01-02. http://dx.doi.org/10.2118/86 01-02.

Irmann-Jacobsen, Tine B (2013) Flow assurance—a system perspective. MEK4450-FMC Subsea technologies. [http://www.uio.no/studier/emner/matnat/math/MEK4450/h11/undervisningsmateriale/modul5/MEK4450_FlowAssurance_pensum-2.pdf].

John H, Black J (1983) Fundamentals of relative permeability: experimental and theoretical considerations. In: SPE annual technical conference and exhibition, San Francisco, California, 5-8 Oct. https://doi.org/10.2118/12173-MS.

Jacco HS, Bruno A (2008) A microscopic view on contact angle selection. Phys Fluids 20: 057101. https://doi.org/10.1063/1.2913675.

King H, Willis D (1972) Mechanics of hydraulic fracturing. American Association of Petroleum Geologists. Reprinting series, vol 21.

Lock M, GhasemiM, Mostofi V, Rasouli (2012) An experimental study of permeability determination in the lab. WIT Trans. Eng. Sci. 81. Department of Petroleum Engineering, Curtin University, Australia. http://dx.doi.org/10.2495/pmr120201.

Oak M, Baker L, Thomas D (1990) Three-Phase relative permeability of berea sandstone. J Pet Technol 42 (8): 1054-1061. SPE-17370-PA. http://dx.doi.org/10.2118/17370-PA.

Oil sand Magazine, https://www.strausscenter.org/energy-and-security/tar-sands.html. https://www.strausscenter.org/energy-and-security/tar-sands.html.

Steve S, Larry M (2017) Our current working model for unconventional tight petroleum systems: oil and gas. http://www.searchanddiscovery.com/documents/2017/80589sonnenberg/ndx_sonnenberg.pdf.

Smith J, Jensen H, (2007) Oil shale. In: McGraw Hill encyclopedia of science & technology, 10th edn, vol 12. McGraw-Hill, pp 330-335.

Terra G et al (2010) Carbonate rock classification applied to Brazilian sedimentary basins. Boletin Geociencias Petrobras 18 (1): 9-29.

Van Golf-Racht T, Ramstad L (1976) Modelling North Sea fractured limestone reservoir. Offshore North Sea proceedings, Stavanger, Noway.

Xu T, Hoffman BT (2013) Hydraulic fracture orientation for miscible gas injection EOR in unconventional oil reservoirs. Paper SPE 168774 / URTeC 1580226 presented at the unconventional resources.

附录 A 单位换算表

1mile = 1. 609km

1ft = 30. 48cm

1in = 25. 4mm

1acre = 2. 59km^2

1ft^2 = 0. 093m^2

1in^2 = 6. 45cm^2

1ft^3 = 0. 028m^3

1in^3 = 16. 39m^3

1lb = 453. 59g

1bbl = 0. 16m^3

1mmHg = 133. 32Pa

1atm = 101. 33kPa

1psi = 1psig = 6894. 76Pa

psig = psia−14. 79977

℃ = K−273. 15

$1\ {}^{\circ}\mathrm{F} = \dfrac{5}{9}℃ + 32$

1cP = 1mPa · s

1mD = 1×10^{-3} μm^2

1bar = 10^5 Pa

1dyn = 10^{-5} N

1kgf = 9. 80665N

国外油气勘探开发新进展丛书（一）

书号：3592
定价：56.00元

书号：3663
定价：120.00元

书号：3700
定价：110.00元

书号：3718
定价：145.00元

书号：3722
定价：90.00元

国外油气勘探开发新进展丛书（二）

书号：4217
定价：96.00元

书号：4226
定价：60.00元

书号：4352
定价：32.00元

书号：4334
定价：115.00元

书号：4297
定价：28.00元

国外油气勘探开发新进展丛书（三）

书号：4539
定价：120.00元

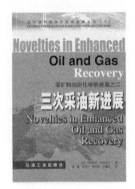

书号：4725
定价：88.00元

书号：4707
定价：60.00元

书号：4681
定价：48.00元

书号：4689
定价：50.00元

书号：4764
定价：78.00元

国外油气勘探开发新进展丛书（四）

书号：5554
定价：78.00元

书号：5429
定价：35.00元

书号：5599
定价：98.00元

书号：5702
定价：120.00元

书号：5676
定价：48.00元

书号：5750
定价：68.00元

国外油气勘探开发新进展丛书（五）

书号：6449
定价：52.00元

书号：5929
定价：70.00元

书号：6471
定价：128.00元

书号：6402
定价：96.00元

书号：6309
定价：185.00元

书号：6718
定价：150.00元

国外油气勘探开发新进展丛书（六）

书号：7055
定价：290.00元

书号：7000
定价：50.00元

书号：7035
定价：32.00元

书号：7075
定价：128.00元

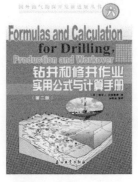

书号：6966
定价：42.00元

书号：6967
定价：32.00元

国外油气勘探开发新进展丛书（七）

书号：7533
定价：65.00元

书号：7802
定价：110.00元

书号：7555
定价：60.00元

书号：7290
定价：98.00元

书号：7088
定价：120.00元

书号：7690
定价：93.00元

国外油气勘探开发新进展丛书（八）

书号：7446
定价：38.00元

书号：8065
定价：98.00元

书号：8356
定价：98.00元

书号：8092
定价：38.00元

书号：8804
定价：38.00元

书号：9483
定价：140.00元

国外油气勘探开发新进展丛书（九）

书号：8351
定价：68.00元

书号：8782
定价：180.00元

书号：8336
定价：80.00元

书号：8899
定价：150.00元

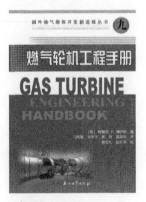

书号：9013
定价：160.00元

书号：7634
定价：65.00元

国外油气勘探开发新进展丛书（十）

书号：9009
定价：110.00元

书号：9989
定价：110.00元

书号：9574
定价：80.00元

书号：9024
定价：96.00元

书号：9322
定价：96.00元

书号：9576
定价：96.00元

国外油气勘探开发新进展丛书（十一）

书号：0042
定价：120.00元

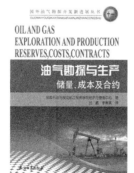

书号：9943
定价：75.00元

书号：0732
定价：75.00元

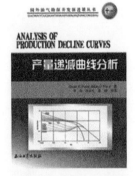

书号：0916
定价：80.00元

书号：0867
定价：65.00元

书号：0732
定价：75.00元

国外油气勘探开发新进展丛书（十二）

书号：0661
定价：80.00元

书号：0870
定价：116.00元

书号：0851
定价：120.00元

书号：1172
定价：120.00元

书号：0958
定价：66.00元

书号：1529
定价：66.00元

国外油气勘探开发新进展丛书（十三）

HANDBOOK OF LIQUEFIED
NATURAL GAS

液化天然气手册

书号：1046
定价：158.00元

OFFSHORE STRUCTURES
DESIGN, CONSTRUCTION AND MAINTENANCE

海洋结构物设计、
建造与维护

书号：1167
定价：165.00元

GAS SWEETENING AND
PROCESSING FIELD MANUAL

天然气脱硫与处理手册

书号：1645
定价：70.00元

Reservoir, Exploration and Appraisal

油气藏勘探与评价

书号：1259
定价：60.00元

THE PETROLEUM ENGINEERING HANDBOOK:
SUSTAINABLE OPERATIONS

石油工程手册
——可持续开发

书号：1875
定价：158.00元

WELL COMPLETION DESIGN

完井设计

书号：1477
定价：256.00元

国外油气勘探开发新进展丛书（十四）

APPLIED PETROLEUM
RESERVOIR ENGINEERING
THIRD EDITION

实用油藏工程
（第三版）

书号：1456
定价：128.00元

HYDRAULIC FRACTURING EXPLAINED
EVALUATION, IMPLEMENTATION AND
CHALLENGES

水力压裂解释
——评估、实施和挑战

书号：1855
定价：60.00元

PETROLEUM ENGINEER'S GUIDE TO
OIL FIELD CHEMICALS AND FLUIDS

石油工程师指南
——油田化学品与流体

书号：1874
定价：280.00元

书号：2857
定价：80.00元

书号：2362
定价：76.00元

国外油气勘探开发新进展丛书（十五）

书号：3053
定价：260.00元

书号：3682
定价：180.00元

书号：2216
定价：180.00元

书号：3052
定价：260.00元

书号：2703
定价：280.00元

书号：2419
定价：300.00元

国外油气勘探开发新进展丛书（十六）

书号：2274
定价：68.00元

书号：2428
定价：168.00元

书号：1979
定价：65.00元

书号：3450
定价：280.00元

书号：3384
定价：168.00元

国外油气勘探开发新进展丛书（十七）

书号：2862
定价：160.00元

书号：3081
定价：86.00元

书号：3514
定价：96.00元

书号：3512
定价：298.00元

书号：3980
定价：220.00元

国外油气勘探开发新进展丛书（十八）

书号：3702
定价：75.00元

书号：3734
定价：200.00元

书号：3693
定价：48.00元

书号：3513
定价：278.00元

书号：3772
定价：80.00元

书号：3792
定价：68.00元

国外油气勘探开发新进展丛书（十九）

书号：3834
定价：200.00元

书号：3991
定价：180.00元

书号：3988
定价：96.00元

书号：3979
定价：120.00元

书号：4043
定价：100.00元

书号：4259
定价：150.00元

国外油气勘探开发新进展丛书（二十）

书号：4071
定价：160.00元

书号：4192
定价：75.00元

国外油气勘探开发新进展丛书（二十一）

书号：4005
定价：150.00元

书号：4013
定价：45.00元

书号：4075
定价：100.00元

书号：4008
定价：130.00元

国外油气勘探开发新进展丛书（二十二）

书号：4296
定价：220.00元

书号：4324
定价：150.00元

书号：4399
定价：100.00元

国外油气勘探开发新进展丛书（二十三）

书号：4469
定价：88.00元

书号：4673
定价：48.00元

书号：4362
定价：160.00元

国外油气勘探开发新进展丛书（二十四）

书号：4658
定价：58.00元